TIELU

ZHIGONG FANGSHU ZHISHI DUBEN

铁路职工防暑知识读本

第二版

《铁路职工防暑知识读本》编委会 编

中国铁道出版社
CHINA RAILWAY PUBLISHING HOUSE

图书在版编目（CIP）数据

铁路职工防暑知识读本 /《铁路职工防暑知识读本》编委会编. —2版. —北京：中国铁道出版社，2017.6

ISBN 978-7-113-23273-3

Ⅰ. ①铁… Ⅱ. ①铁… Ⅲ. ①铁路员工—防暑—基本知识 Ⅳ. ①X968

中国版本图书馆CIP数据核字（2017）第134633号

书　　名：铁路职工防暑知识读本（第二版）

作　　者：《铁路职工防暑知识读本》编委会　编

策　　划：熊安春　冯凡卡

责任编辑：郑媛媛　　　　电话：010-51873179

封面设计：崔丽芳

责任印制：郭向伟

出　　版：中国铁道出版社（100054，北京市西城区右安门西街8号）

发　　行：中国铁道出版社

网　　址：http://www.tdpress.com

印　　刷：中国铁道出版社印刷厂

版　　次：2015年7月第1版　2017年7月第2版　2017年7月第1次印刷

开　　本：880 mm × 1 230 mm　1/32　印张：5　字数：115千

书　　号：ISBN 978-7-113-23273-3

定　　价：20.00元

编　委　会

主　编：黎瑞煊　顾　勇

编委会（以姓氏笔画为序）：

王业波　王泽宇　王海玲　孔劲松

冯俊凯　田　颖　汤仁荣　朱行燕

许晓雨　伍江杭

前言

近年来，夏季高温天气导致从事户外作业的劳动者中暑甚至死亡的事件时有发生，给劳动者身体健康和生命安全造成了严重损害，成为社会各界共同关注的重要问题。为了加强高温天气作业劳动保护工作，维护劳动者健康及其相关权益，国家安全监管总局、卫生部、人力资源和社会保障部、全国总工会制定了《防暑降温措施管理办法》，中国铁路总公司颁布的《铁路技术管理规程》（普速铁路部分）之第26条对防暑工作设备提出了明确要求。为改善劳动条件、防止中暑事故的发生、保障铁路职工健康、提高生产效率、促进生产建设发展，根据夏季炎热期间较长、气温较高的特点和历年来防暑降温情况，我们编写了本书。本书的编写旨在增强广大铁路职工的防暑降温意识，提高防暑降温的紧迫性、自觉性和主动性，从行动和细节入手切实增强防暑降温的实际能力，为广大铁路职工的人身安全和铁路运输生产安全提供保障。

《铁路职工防暑知识读本（第二版）》共分四章。具体包括：第一章简单介绍了什么是高温环境、高温环境对人体健康的影响、高温作业的劳动保障，从思想观念上为广大铁路职工树立防暑降温意识；第二章讲述了铁路职工防暑降温工作要点，还分别介绍了车务系统职工、客运系统职工、货运系统职工、机务系统职工、车辆系统职工、工务系统职工、电务系统职工、供电系统职工、房建公寓系统职工的防暑降温工作要点；第三章开篇介绍了中暑的概念及分类，接着从适时体检、及时饮水、睡眠充足、合理饮食、外出防晒、心境平和、科学按摩等方面详细讲述了如何科学预防中暑，最后阐述了中暑的症状及紧急施救措施；第四章是专业营养师为广大铁路职工量身订制的防暑解暑食疗方，内容涉及茶、粥、菜肴、汤羹等众多方面。

本书脉络清晰、语言简洁、内容全面，集科学性、知识性、指导性和实用性于一体。为了帮助广大铁路职工更好地阅读和理解，我们在书中还特意穿插了许多“温馨提示”及“有问有答”，并配有众多精美插图。事实上，这本书还可作为铁路职工夏季及日常生活健康枕边书。

最后，谨以本书献给每一位热爱生活、勤奋工作、珍爱健康的铁路职工！但愿本书，让您有些许收获；但愿本书，使您的生活多姿多彩；但愿本书，为您的健康保驾护航！

编　　者

目录

第一章

防暑须知

你知道什么是高温环境吗？高温环境对人体健康有哪些影响？高温作业的劳动保障又有哪些？要想在炎炎夏日及高温工作环境中切实做好防暑降温工作，就必须首先了解防暑的基本常识。事实上，要想真正防暑，首先要在思想观念上树立防暑降温的意识。

第一节　什么是高温环境

一般来说，把35℃以上的生活环境和32℃以上的生产劳动环境，称为高温环境。高温环境因其产生原因不同，大致可分为自然高温环境和工业高温环境。

自然高温环境

是由日光辐射引起，主要出现在夏季。夏季高温的炎热程度和持续时间，因地区的纬度、海拔高度、当地气候特点而有不同差异。自然高温环境的特点是作用面广，从生活环境到生产劳动环境均会受到影响，而其中露天劳作者所受影响最大。

工业高温环境

这种高温环境的热源主要是各种燃料的燃烧（如煤炭、石油、天然气等），机械的转动摩擦（如电动机、机床、砂轮等），以及化学反应过程所散发的热等。工业高温环境是生产劳动过程中经常遇见的，且所有类型工业高温环境均会受到夏季自然高温环境的影响而加剧。

第二节　高温环境对人体健康的影响

高温环境容易影响人体的生理及心理状态。在高温环境下工作，除了会影响工作效率外，还易导致各种意外。简单来说，高温环境对人体健康的影响有以下几点。

温馨提示

国家安全监督管理总局等四部门颁发的《防暑降温措施管理办法》中指出：高温天气是指地级以上气象主管部门所属气象台站向公众发布的日最高气温35℃以上的天气；高温天气作业是指用人单位在高温天气期间安排劳动者在高温自然气象环境下进行作业。

影响体温调节

人体保持恒定的体温，对维持正常的新陈代谢及生理机能有着重要意义。当人在高温环境下工作（气温高于皮肤温度），人体就无法通过对流和辐射方式散热，而只能通过蒸发的方式散热。如果劳动强度大、时间长或工作场所气温高、风速小，就会使人体产热多、散热少，从而导致人体温度升高。

影响水盐代谢

在炎热的夏季，正常人每天平均出汗量为1升，而在高温环境下从事体力劳动，出汗量会大大增加，每天平均出汗量为3～8升。由于人体汗液的主要成分是水，还含有一定量的维生素和无机盐，因此，大量出汗会对人体的水盐代谢产生影响，同时对人体的维生素和微量元素代谢也会产生影响。研究发现，当人体丧失的水分达到体重的5%～8%，而未能得到及时补充时，就易出现无力、口渴、少尿、脉搏增快、体温升高、水盐代谢失调等症状。

影响消化系统

在高温环境下劳动时，体内血液重新分配，皮肤血管扩张，腹腔内脏血管收缩，这样就易使消化液分泌减少，使人体肠胃功能减退，导致食欲不佳。此外，高温环境下大量出汗易使体内氯化物流失严重，使血液中形成胃酸所必需的氯离子储备减少，导致胃酸浓度降低。如果此时大量饮水更会冲淡胃酸，易导致消化不良及其他胃肠疾病。

影响循环系统

高温环境下，由于大量出汗，血液浓缩，同时高温使血管扩张，末梢血液循环增加，加上劳动的需要，肌肉的血流量也增加，这些因素会导致心跳加速，而每搏输出量（指一次心搏，一侧心室射出的血量）减少，从而导致心脏负担增加，血压也会随之改变。

影响神经系统

高温环境还会影响人体的神经系统，使人的注意力、肌肉工作能力、动作的准确性及协调性、反应速度等均有所下降，从而易引发工伤事故。

温馨提示

高温环境还易对人体有其他影响。如高温环境会加重肾脏负担，并降低机体对化学物质毒性作用的耐受度，使有毒物质对机体的毒性作用更明显；高温环境还会使人体免疫力下降，抗病能力也有所降低。

第三节　高温作业的劳动保障

高温作业的劳动保障，是对劳动者健康及相关权益的保护，是按照我国现行的法律、法规制定的。概括来说，主要有以下几点。

1. 用人单位应当合理布局生产现场，改进生产工艺和操作流程，采用良好的隔热、通风、降温措施。

2. 适当调整高温天气的作业时间。日最高气温达到35℃以上、37℃以下时，应当采取换班轮休等方式，缩短劳动者连续作业时间，并且不得安排室外露天作业者加班；日最高气温达到37℃以上、40℃以下时，全天安排劳动者室外露天作业时间不得超过6小时，连续作业时间不得超过国家规定，且在气温最高时段3小时内不得安排室外露天作业；日最高气温达到40℃时，应当停止当日室外露天作业。

3. 在高温天气来临前，用人单位

应当对高温天气作业的劳动者进行健康检查，对患有心、肺、脑血管性疾病、肺结核、中枢神经系统疾病及其他身体状况不适合高温作业环境的劳动者，应当调整作业岗位，且健康检查的费用由用人单位承担。

4. 不得安排怀孕女职工和未成年人，在35℃以上的高温天气期间从事室外露天作业及温度在33℃以上的工作场所作业。

5. 因高温天气停止工作或缩短工作时间，不得扣除或降低劳动者工资。

6. 用人单位应当向劳动者提供符合要求的个人防护用品，并督促和指导劳动者正确使用。

7. 用人单位应当对劳动者进行上岗前职业卫生培训和在岗期间的定期职业卫生培训，普及高温防护、中暑急救等职业卫生知识。

8. 用人单位应当为高温作业劳动者发放高温津贴，并提供足够的、符合卫生标准的防暑降温饮料和必需的药品。不得以发放钱物替代提供防暑降温饮料，而防暑降温饮料不得充抵高温津贴。

9. 用人单位应当在高温工作环境设立休息场所。休息场所应当设有座椅，保持通风良好或配有空调等防暑降温设施。

10. 用人单位应当制定高温中暑应急预案，定期进行急救救援演习，并根据情况配备急救人员和足量的急救药品。

11. 劳动者出现中暑症状时，应当立即采取救助措施，使其迅速脱离高温环境，到阴凉通风处休息，供给防暑降温饮料，并采取必要的对症处理措施。情况严重者，应当及时送医院救治。

12. 劳动者因高温作业引起中暑，经诊断为职业病的，享受工伤保险待遇。

有问有答

问：高温津贴是不是可发可不发？

答：高温津贴是必须发放的。我国制订的《防暑降温措施管理办法》明确提出对在高温条件下工作的劳动者给予一定的高温津贴。这就意味着高温津贴不再是一项单纯的福利，而是一种高温下劳动者的补偿，是强制性的规定。

问：最低工资中是否已经包含高温津贴？

答：《最低工资规定》第十二条（二）项规定：在劳动者提供正常劳动的情况下，用人单位应支付给劳动者的工资在剔除中班、夜班、高温、低温、井下、有毒有害等特殊环境、条件下的津贴等项后，不得低于当地最低工资标准。由此可见，最低工资中并不包含高温津贴。

问：非正式员工有高温津贴吗？

答：即使是临时工，暂时未与用人单位签订劳动合同，也并不影响其主张高温时段劳动应得到高温津贴的要求。事实上，有关发放高温津贴的规定，并没有正式员工与非正式员工之分。

问：高温津贴有没有一个统一的标准？

答：有关高温津贴的标准，各地规定都不一样，以2017年为例。

（1）江苏。

如果企业安排职工在6月、7月、8月、9月这四个月在33℃以上高温天气（环境）工作的，要向劳动者支付高温补贴，具体的标准按照江苏省的规定，每人每月200元。

（2）上海。

企业每年6月至9月安排劳动者在高温天气下露天工作以及不能采取有

效措施将工作场所温度降低到33℃以下的（不含33℃），应当向劳动者支付高温季节津贴，标准为每月200元。

（3）河南。

劳动者在日最高气温达35℃以上的天气下露天工作，可享受企业发放的每人每工作日10元的高温津贴。

（4）山东。

室外作业和高温作业人员每人每月120元，非高温作业每人每月80元。

（5）北京。

每年6～8月，室外露天作业人员高温津贴每人每月不低于120元；在33℃（含33℃）以上室内工作场所作业的人员，高温津贴每人每月不低于90元。

（6）广东。

广东省高温津贴标准为每人每月150元；如按照规定需按天数折算高温津贴的，每人每天6.9元。发放时间为6月至10月。

问：如果不发放高温津贴，该如何维权？

答：在高温下作业却没有得到高温津贴，可以向当地劳动监察部门举报投诉，也可以拨打12333投诉。监管部门核实情况后，会责令用人单位限期改正，给予补发，如果逾期未改正的，将处2 000元以上、10 000元以下罚款。对高温津贴发放存在劳动争议的，也可以通过劳动争议处理程序解决。

问：高血压患者为什么不适合高温作业？

答：研究发现，夏季高温作业时，心血管系统经常处于紧张状态，可导致血压发生变化。高血压患者进行高温作业，其血压异常增高的风险随着温度的增高而加大。因此，高血压患者夏季尤其要注意防暑降温，可以自备一台血压计，每天自我监测血压状况，如果出现血压波动大的情况，最好立即到医院就诊。

第二章

铁路职工防暑降温工作要点

铁路单位及作业人员在暑季高温作业期间要认真贯彻执行国家有关安全生产法律法规、《中国铁路总公司职业卫生监督管理办法》《铁路车站行车作业人身安全标准》和本单位劳动安全规章制度，同时还应落实以下防暑降温工作要点。

第一节 铁路职工通用防暑降温工作要点

一、组织措施

1. 贯彻落实国家颁布的《防暑降温措施管理办法》（安监总安健〔2012〕89号）和中国铁路总公司关于防暑降温各项工作要求，切实加强对防暑降温工作的组织领导，健全、落实防暑降温工作责任制。

2. 认真执行《国家安全监管总局、卫生部、人力资源和社会保障部、全国总工会关于印发防暑降温措施管理办法的通知》（铁办安监〔2012〕52号）规定，对从事室外作业（日最高气温达到35℃以上）和不能采取有效措施将工作场所温度降低到33℃（不含33℃）以下环境作业的作业人员，按照地区标准支付高温津贴。

3. 各单位严格按照“六防”要求，暑前成立防暑降温工作组，研究和制订年度职工防暑降温工作方案及应急预案，加强对防暑降温工作的教育培训，并根据情况配备充足的防暑用品及防暑应急药品。

4. 暑前组织一次职工防暑降温知识及中暑急救知识教育培训，提高全员防暑降温意识。

5. 暑前组织一次从事高温、高空作业人员（接触高温、高空、露天和繁重体力劳动的作业人员）的职业健康检查，对不宜从事高温作业的病患者及人员，给予调换（或季节性调换）工种。

6. 在连续高温期间，根据单位生产特点和具体条件，及时调整作息时间，避开和减少高温时段作业（需要紧急抢修除外），或尽可能调整劳动组织，采取勤倒班的方式，缩短一次连续作业时间，加强作业过程中轮换休息；严格控制加班加点，保证作业人员休息，适当减轻劳动强度。

7. 加强职工集体宿舍管理，合理调整同一班次的作业人员休息，避免相互干扰而影响睡眠。

8. 加强机动车安全管理，确保机动车空调冷气装置正常使用；驾驶员要严格遵守交通安全法规，杜绝车辆“带病”出车、酒后及疲劳驾驶，保证状态良好；作业人员不能在长时间停泊的车内使用空调降温，防止二氧化碳中毒。

9. 定期对生产场所、候班室、休息室、公寓、招待所、单身宿舍、食堂、洗漱间等处所进行检查，确保防暑降温设施设备正常使用，生活用水充足。

10. 经常性检查防暑降温电器设备，保证电线、插座插头、开关及接地线、零接线绝缘状态良好。

11. 高温作业场所应设工间休息室，有良好的通风，安装防暑降温设施设备，休息室内有靠椅、清凉饮料、茶水，并配备防暑应急药品；高温作业后进入室内时，应注意室内外温差不应过大，空调不宜过冷，避免感冒。

12. 做好作业场所、生活区的卫生防疫工作，加强对饮用水、食品的卫生管理，严格执行食品卫生制度，避免食品变质引发中毒事件。

13. 加强对夏季易发疾病的监控，现场作业人员发生法定传染病、食物中毒时，应及时向有关主管部门报告。

14. 做好对高温作业人员家属的防暑宣传发动工作，保证作业人员下班回家后能吃好、睡好、休息好。

15. 按照铁路劳动防护用品“四统一”监管原则，严格按规定向在岗职工发放个人劳动防护用品，禁止穿凉鞋、拖鞋及赤膊上岗；暑前向职工发放茶叶、保济丸、仁丹、十滴水或藿香正气水等保健药品，防晒霜等护肤品，花露水等驱蚊物品，风油精、红花油等物资。

16. 室外作业人员应按规定穿戴防护用品，露天作业时佩戴遮阳草帽；上线施工作业必须穿着防护服，高空作业必须采取必要的安全防护措施及佩戴安全带。

17. 作业场所必须配足生活用水，有条件的单位要因地制宜配送必要的“消暑、平肝、利尿”清凉饮料，西瓜，绿豆汤，冬瓜、海带汤等物资到作业现场。在清凉饮料的配制、冷却、运输及供应过程中，必须加强卫生管理，指定专人负责，防止污染，确保清凉饮料的清洁卫生；不应当发放含咖啡因和酒类的饮料。

18. 禁止班前饮酒，不得在钢轨上、车底下、枕木头、道心里和隧道内坐卧或站立、休息或乘凉；上下工不准走道心并做到同去同归。

19. 高空作业必须穿戴防护用品并落实现场监护制度，遇有恶劣气候（如风力在六级及以上或下暴雨，打雷及大雾等）影响作业安全时，应当停止高空作业。

20. 遇雷雨时，作业人员应迅速到安全处所躲避，不靠近大树下、电杆旁，不得在涵洞内躲避，不站立于空旷地带，身上不携带金属物件。

21. 各种气瓶在存放和使用时，要按规定距离放置，并且避免在夏日阳光下暴晒，搬动时不能碰撞。

22. 严禁作业人员私自下河塘、水库游泳或洗澡，禁止组织职工到缺少安全措施的游泳场所活动。

23. 作业人员出现中暑症状时，应当立即启动应急预案，采取救助措施，使患者脱离高温环境，到通风阴凉处所休息，供给防暑降温饮料，并采取必要的对症处理措施；症状严重时，及时送医疗卫生机构治疗。

二、技术措施

1. 改进工艺、流程，提高机械化、自动化生产程度，改善、避免、减少高温或强辐射对人体的影响。

2. 合理布置生产性热源和及时疏散热源。

3. 厂房内作业要加强通风。

4. 对于高温或特殊需要的室内生产作业场所应安装通风机械或降温设备。

5. 应尽量疏散外移或采取各种水幕、隔热包扎、淋浴等措施隔热各种热源。

温馨提示

夏季要合理安排工作，注意劳逸结合；避免长时间在烈日下暴晒；睡眠要充足，适当午休；讲究饮食卫生，膳食均衡，营养合理；夏季出汗多，应当多饮水，但忌过食冷饮；室内要注意通风，不宜久用电扇或空调；要戒躁戒怒，做到心平气和……这样，必能度过一个美好、健康的夏季。

第二节　车务系统职工防暑降温工作要点

车务系统从事高温作业主要有调车作业、接发列车作业、上水作业、上线清理作业、其他上线作业（电工、平面电台、列尾、商检）、车站外勤值班作业、汽车运输作业等。

1．调车作业：作业人员严格落实备班制度，重点抓好班前休息，穿戴防护用品，佩戴遮阳草帽，自带（或携带，本章下同）防暑药品、茶水或清凉饮料。

2．接发列车作业：作业人员按规定着装，现场备有防暑药品、茶水或清凉饮料。

3．上水作业：作业人员穿戴防护用品，佩戴安全帽，现场备有防暑药品、茶水或清凉饮料。

4．上线清扫作业：作业人员穿戴防护用品，佩戴遮阳草帽，自带防暑药品、茶水或清凉饮料。

5．车站值班作业：作业人员按规定着装，现场配有防暑药品、茶水或清凉饮料。

6．其他上线作业（电工、平面电台、列尾、商检人员）：作业人员穿戴防护用品，自带防暑药品、茶水或清凉饮料。

7．汽车运输作业：自带防暑药品、茶水或清凉饮料。

温馨提示

炎炎夏日，有些车务系统职工露天作业时，不爱戴帽子，以为这样可以帮助散热，其实这是不利于防暑的。夏季天气炎热，露天作业不戴帽子，易导致头皮温度过高，进而更易诱发中暑。因此，夏季露天作业要特别注意头部防晒，要为自己选择一顶安全帽或遮阳帽。

第三节　客运系统职工防暑降温工作要点

客运系统从事高温作业主要有调车作业、接发列车作业、上水作业、上线清理作业、其他上线作业（电工、平面电台、列尾、商检人员）、车站值班作业、列车乘务作业、库内看守作业、库内整备作业、库内保洁作业、接送料作业、汽车运输作业、出乘或退乘等。

一、车站客运部分

1. 调车作业：作业人员严格落实备班制度，重点抓好班前休息，穿戴防护用品，佩戴遮阳草帽，自带防暑药品、茶水或清凉饮料。

2. 接发列车作业：作业人员穿戴防护用品，现场备有防暑药品、茶水或清凉饮料。

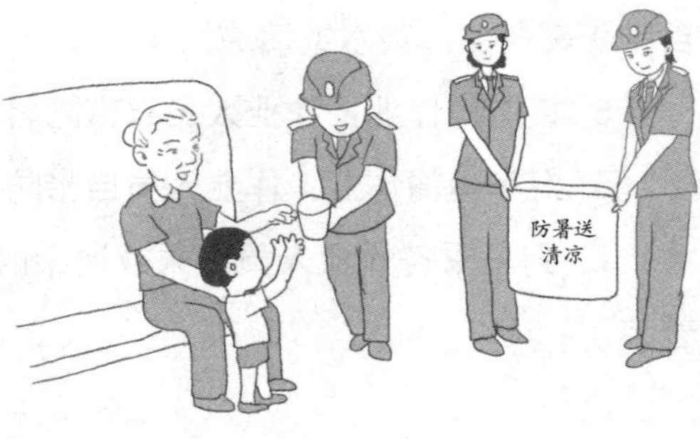

3. 上水作业：作业人员穿戴防护用品，佩戴安全

帽，现场备有防暑药品、茶水或清凉饮料。

4. 上线清扫作业：作业人员穿戴防护用品，佩戴遮阳草帽，自带防暑药品、茶水或清凉饮料。

5. 车站值班作业：作业人员按规定着装，自带防暑药品、茶水或清凉饮料。

6. 汽车运输作业：作业人员自带防暑药品、茶水或清凉饮料。

二、列车客运部分

1. 列车乘务作业：作业人员按规定着装，预防烘伤、烫伤、碰伤、撞伤、摔伤，自备防暑药品、茶水或清凉饮料；餐车炒锅厨师作业时要遵守安全操作规程，严禁非内厨作业人员进入内厨使用炊具、操作设备；餐车要保证冷藏设备正常使用，冷藏设备发生故障或制冷不良时，必须使用冰块，保证餐料新鲜，严禁采购、使用腐败变质餐料。

2. 库内整备作业：作业人员自备防暑药品、茶水或清凉饮料。

3. 库内看守作业：应配备蓄电电扇，做好日常充电和维护工作，确保蓄电电扇能正常使用。作业人员自带防暑药品、茶水或清凉饮料。

4. 库内保洁作业：作业人员按规定穿着防护用品，佩戴遮阳草帽，自带防暑药品、茶水或清凉饮料。

5. 接送料作业：作业人员自带防暑药品、茶水或清凉饮料。

6. 汽车运输作业：作业人员自带防暑药品、茶水或清凉饮料。

7. 列车乘务作业人员出乘或退乘时均执行同去同归制度，按规定着装。

温馨提示

客运系统职工不仅要注意防暑降温，也要努力让外出的旅客“清凉在心”。如在高温天气来临前，将车站空调设备调试到最佳工作状态；安排专人动态掌握候车室温度，便于及时做出调节；要确保饮水设备正常，饮水卫生；高温天气可实行“弹性候车”，适当放宽旅客进候车室的时间限制，避免旅客长时间在高温下等候；要做好车站环境保洁工作，给旅客一个良好的候车环境；可以配备“清凉药箱”，以确保能及时为旅客提供应急救助。

第四节　货运系统职工防暑降温工作要点

货运系统从事高温作业主要有人力或机械装卸作业、监装监卸作业、场（库）内特种设备作业、站车交接检查作业、汽车运输作业等。

1. 人力或机械装卸作业：作业人员自带防暑药品、茶水或清凉饮料，执行同去同归制度。

2. 监装监卸作业：作业人员自带防暑药品、茶水或清凉饮料。

3. 场（库）内特种设备作业：作业人员自带防暑药品、茶水或清凉饮料。

4. 站车交接检查作业：作业人员自带防暑药品、茶水或清凉饮料。

5. 汽车运输作业：作业人员自带防暑药品、茶水或清凉饮料。

温馨提示

夏季，常有人贴“三伏贴”防暑。不过，专业医生提醒，有几种人不宜使用“三伏贴”，如咳嗽、发烧者，阴虚内热者（大都偏瘦，舌苔比较薄，一般手脚心发热，易出汗，睡觉时也容易出汗），患有慢性疾病者。

第五节　机务系统职工防暑降温工作要点

机务系统从事高温作业主要有机车乘务员作业，检修作业、机车整备作业，厂（库）内特种设备作业，高空作业，茶炉、炒锅厨师作业，汽车运输作业等。

1. 机车乘务员作业：作业人员按规定着装，自带防暑药品、茶水或清凉饮料；确保备班质量，班前休息好；保证机车空调、电风扇、遮阳窗帘、烧水器具正常使用，接班时在供水点将水补足。

2. 检修作业、机车整备作业：作业人员自带防暑药品、茶水或清凉饮料。

3. 厂（库）内特种设备作业：作业人员自带防暑药品、茶水或清凉饮料。

4. 高空作业：作业人员按规定穿戴防护用品，自带防暑药品、茶水或清凉饮料。

5. 茶炉、炒锅厨师作业：作业人员要遵守安全操作规程，预防烫伤，自带防暑药品、茶水或清凉饮料。

6. 汽车运输作业：作业人员自带防暑药品、茶水或清凉饮料。

温馨提示

铁路职工要真正做好防暑降温工作，必须要强化夏季防暑意识，努力提高对暑期安全工作的认识，保证暑期工作安全、有序进行。此外，也应获得家属配合，要保证每天下班回家后好好休息，使每天上班保持良好的精神状态。

第六节　车辆系统职工防暑降温工作要点

车辆系统从事高温作业主要有检车作业、检修作业、发电车乘务员作业、厂（库）内特种设备作业、汽车运输作业等。

1. 检车作业：作业人员自带防暑药品、茶水或清凉饮料。

2. 检修作业：作业人员自带防暑药品、茶水或清凉饮料。

3. 发电车乘务员作业：作业人员按规定着装，自带防暑药品、茶水或清凉饮料。

4. 厂（库）内特种设备作业：作业人员自带防暑药品、茶水或清凉饮料。

5. 汽车运输作业：作业人员自带防暑药品、茶水或清凉饮料。

6. 上下工：作业人员自带防暑药品、茶水或清凉饮料，坚持同去同归制度。

温馨提示

夏季气温高，驾驶员流汗多，体力消耗大，易诱发中暑。为预防中暑，驾驶员在出车前和行走途中要避免食用辛辣油腻的食物，并注意补充盐分，要随车携带水壶和毛巾，并备有仁丹、十滴水等防暑药物，要保持驾驶室通风良好，途中注意休息。

第七节　工务系统职工防暑降温工作要点

工务系统从事高温作业主要有线路、桥隧涵、路基施工作业，线路检查及探伤作业，砍草及清理水沟作业，巡山及巡河作业，轨道车司乘作业，桥隧及防洪看守作业，汽车运输及搬运作业，锻工、焊接作业等。

1．施工期较长又无固定休息处所的作业点可搭设临时凉棚等防暑设施。

2．上线施工、检查作业：作业人员穿戴防护用品，佩戴遮阳草帽，自带防暑药品、茶水或清凉饮料。

3．上线维护作业：作业人员穿戴防护用品，佩戴遮阳草帽，自带防暑药品、茶水或清凉饮料。

4．上线巡道作业：作业人员穿戴防护用品，佩戴遮阳草帽，自带防暑药品、茶水或清凉饮料。

5．砍草及清理水沟作业：作业人员穿戴防护用品，佩戴遮阳草帽，自带防暑药品、茶水或清凉饮料。

6．探伤作业：作业人员穿戴防护用品，佩戴遮阳草帽，自带防暑药品、茶水或清凉饮料。

7. 巡山巡河作业：自带防暑药品、茶水或清凉饮料，佩戴遮阳草帽。

8. 轨道车司乘人员作业：确保轨道车配备的空调、发电机正常运转，严格落实候班制度，重点抓好班前休息；作业人员穿戴防护用品，自带防暑药品、茶水或清凉饮料。

9. 汽车运输作业：作业人员自带防暑药品、茶水或清凉饮料。

10. 上下工：作业人员穿戴防护用品，自带防暑药品、茶水或清凉饮料，执行同去同归制度。

温馨提示

炎炎夏日，有些工务系统职工露天作业时，喜欢赤膊上阵。对此，专业医生提醒，赤膊只能在皮肤温度高于环境温度时，才能通过增加皮肤的辐射、传导散热起到降温的作用。而炎热的夏季，最高气温一般都超过人体皮肤温度，在这种情况下，皮肤不仅不能散热，反而会从外界环境中吸收热量，因而夏季赤膊进行露天作业往往会感觉更热。

第八节　电务系统职工防暑降温工作要点

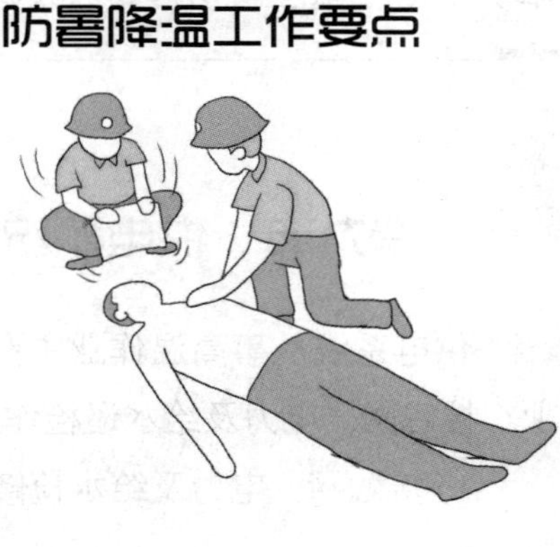

电务系统从事高温作业主要有信号、道岔检修作业，信号设备巡检作业，高空作业，通信巡检作业，通信出入库检车作业，汽车运输作业等。

1. 信号、道岔检修作业：作业人员穿戴防护用品，佩戴遮阳草帽，自带防暑药品、茶水或清凉饮料。

2. 信号设备巡检作业：作业人员穿戴防护用品，佩戴遮阳草帽，自带防暑药品、茶水或清凉饮料。

3. 高空作业：作业人员穿戴防护用品，自带防暑药品、茶水或清凉饮料。

4. 通信巡检作业：作业人员穿戴防护用品，佩戴遮阳草帽，自带防暑药品、茶水或清凉饮料。

5. 通信出入库检车作业：自带防暑药品、茶水或清凉饮料。

6. 汽车运输作业：自带防暑药品、茶水或清凉饮料。

7. 上下工：作业人员穿戴防护用品，自带防暑药品、茶水或清凉饮料，执行同去同归制度。

温馨提示

有关医生提醒，夏季降温不宜太快。如有人大汗淋漓时，立即到风扇前猛吹，或拧开水龙头，让冷水直冲，以实现“快速降温”。这些方法看起来有效、舒心，但其实却对健康有害，常常会“快活一时，难受几天”，甚至会引起各种疾病。

第九节　供电系统职工防暑降温工作要点

供电系统从事高温作业主要有接触网、电力及给水检修及施工作业，接触网、电力及给水巡检作业，汽车运输作业等。

1. 接触网、电力及给水检修及施工作业：作业人员穿戴防护用品，自带防暑药品、茶水或清凉饮料。

2．接触网、电力及给水巡检作业：作业人员穿戴防护用品，自带防暑药品、茶水或清凉饮料。

3．砍青作业：作业人员穿戴防护用品，佩戴遮阳草帽，自带防暑药品、茶水或清凉饮料。

4．管道补漏作业：作业人员穿戴防护用品，自带防暑药品、茶水或清凉饮料。

5．变配电检修作业：作业人员穿戴防护用品，自带防暑药品、茶水或清凉饮料。

6．轨道车乘务员作业：作业人员穿戴防护用品，自带防暑药品、茶水或清凉饮料。

7．各值班场所：作业人员自带防暑药品、茶水或清凉饮料。

8．汽车运输作业：作业人员自带防暑药品、茶水或清凉饮料。

9．上下工：作业人员穿戴防护用品，自带防暑药品、茶水或清凉饮料，执行同去同归制度。

温馨提示

高温季节，铁路供电系统职工合理调整作业时间也很重要。如某铁路局供电系统采取的“抢早抓晚歇中间”的工作方式就很不错，合理调整了供电系统职工室外露天作业的时间，尽量避开每天气温最高的时段施工作业，既保证了一线人员充分休息，又提高了工作效率，还防止了高温中暑。

第十节　房建公寓系统职工防暑降温工作要点

房建公寓系统从事高温作业主要有高空作业、检修作业、巡检作业、炒锅厨师作业、场（库）内特种设备作业、汽车运输作业等。

1. 高空作业：作业人员穿戴防护用品，自带防暑药品、茶水或清凉饮料。

2. 检修作业：作业人员佩戴必须的防护用品，自带防暑药品、茶水或清凉饮料。

3. 巡检作业：作业人员自带防暑药品、茶水或清凉饮料。

4. 炒锅厨师作业：作业人员自备防暑药品、茶水或清凉饮料。

5. 场（库）内特种设备作业：作业人员自带防暑药品、茶水或清凉饮料。

6. 汽车运输作业：作业人员自带防暑药品、茶水或清凉饮料。

7. 上下工：作业人员自带防暑药品、茶水或清凉饮料，执行同去同归制度。

温馨提示

夏季应避免在强烈的阳光下长时间工作，尤其是午后高温时段应停止露天作业。在进行露天作业时，要积极采取防晒措施。如穿浅色或素色的衣服，戴遮阳帽；适当多喝水，还可以喝些淡盐水、解暑茶、绿豆汤等；要随身携带防暑药物，如仁丹、清凉油、十滴水等。

第三章

中暑的预防及处置

炎炎夏日，高温、高湿、高热辐射天气可造成人体的体温调节、水盐代谢、消化系统、神经系统等出现一系列的生理功能改变，一旦机体无法适应，则可能引起生理功能紊乱，从而引发中暑。那么，我们究竟该如何预防中暑呢？若一不小心真的中暑了，又该如何紧急处置、科学应对呢？

第一节　中暑的概念及分类

什么是中暑

中暑是指人在高温（气温34℃以上）或强辐射（特别是湿度大、无风）环境下，由于体温调节失衡和水盐代谢紊乱，产生的以心血管和中枢神经系统功能障碍为主要表现的急性综合征。除了高温、烈日暴晒外，工作强度过大、时间过长、睡眠不足、过度疲劳等均为常见诱因。

正常人体温能够维持在37℃左右，是通过下丘脑体温调节中枢，使产热与散热取得平衡的结果，当周围环境温度超过皮肤温度时，散热主要靠出汗以及皮肤和肺泡表面的蒸发。如果外界温度过高，大于人体温度，人体的散热功能就会受到严重影响，那么当产热大于散热或散热受阻时，体内就会有大量的热蓄积，就易出现头晕、发热等一系列的中暑症状。

温馨提示

中暑会严重危害身心健康，一定要严肃对待，不管在何时何地，一旦出现中暑情况，都应该及时采取救治措施。夏季容易出现头晕、多汗等症状，由于这些症状和中暑的症状类似，因此会被不少人忽视。等到发现中暑的时候，为时已晚。因此，预防中暑，我们必须首先在思想上引起足够重视，早发现、早救治、早痊愈。

中暑有哪些类型

根据临床表现的轻重，中暑可分为先兆中暑、轻症中暑和重症中暑，而它们之间的关系是渐进的。

一、先兆中暑

先兆中暑是指在高温环境下，出现头痛、头晕、口渴、多汗、四肢无力发酸、注意力不集中、动作不协调等症状；体温正常或略有升高。如果及时将先兆中暑者转移到阴凉通风处，补充水和盐分，短时间内可恢复正常。

二、轻症中暑

轻症中暑时，人体体温会在38℃以上。此时，人体除了出现头晕、口渴外，往往伴有面色潮红、大量出汗、皮肤灼热等表现，或出现四肢湿冷、面色苍白、血压下降、脉搏增快等现象。如果对轻症中暑者及时处理，可在数小时内恢复正常。

三、重症中暑

重症中暑是中暑情况最严重的一种，如不及时救治将会危及生命。这类中暑又可分为以下四种类型。

1．热痉挛

主要发病原因是由于失水、失盐引起肌肉痉挛。高温环境中，人体主要依赖出汗进行散热，一个人最高生理限度的出汗量为6升，但在高温下劳动者的出汗量可以达到10升以上，汗中氯化钠浓度为0.3%～0.5%，大量出汗时汗液中电解质较正常值更高。因此，大量出汗使水和盐过多丢失，从而引起肌肉痉挛，并引发疼痛。热痉挛也可为热射病的早期表现。

具体表现：肌肉疼痛或抽搐；通常剧烈活动后，发生在腹部、手臂或腿部；常呈对称性，时而发作，时而缓解；患者意识清醒，体温一般正常。

2．热衰竭

主要发病原因是由于人体对热环境不适应引起周围血管扩张、有效循环血量不足、发生虚脱。亦可伴有过多地出汗、失水和失盐。患者体内并无热的蓄积，若发生短暂晕厥，又称热昏厥。热衰竭可以是热痉挛和热射病的中介过程，治疗不及时，可发展为热射病。

具体表现：眩晕、头痛、恶心或呕吐、大量出汗、疲乏无力、脸色苍白、极度虚弱或疲倦、肌肉痉挛或昏厥，通常片刻后立即清醒，体温轻度升高。

3．日射病

主要发病原因是人直接在烈日的暴晒下，热辐射穿透头部皮肤及颅骨引起脑细胞受损，进而造成脑组织的充血、水肿。

具体表现：剧烈头痛、恶心呕吐、烦躁不安，继而可出现昏迷及抽搐。

4．热射病

热射病是一种致命性急症，是人在高温环境中从事体力劳动的时间较长，体内热量不能通过正常的生理性散热以达到热平衡，致使体内热量积蓄，引起体温升高。

具体表现：头晕、搏动性头疼、恶心、极高的体温（口腔体温高于39.5℃）、皮肤红热、干燥无汗、怕冷、意识模糊、口齿不清、不省人事。

温馨提示

热射病发病早期通过体温调节中枢加快心输出量和呼吸频率、皮肤血管扩张、出汗等提高散热效应。随着病情加重，出汗速度开始减慢，体温突然上升，这种现象称为汗衰竭。而后体内热能进一步蓄积，体温调节中枢失控，造成心功能减退、心输出量减少，汗腺功能衰竭，使体内热能进一步蓄积，体温突然升高。高热直接作用于细胞膜或细胞内结构，导致分子间结构出现改变，线粒体变性。如果体温达到42℃以上，蛋白质就会出现变性；体温超过50℃的话，几分钟内就会导致细胞死亡。

中暑的鉴别诊断

临床发现，中暑的症状与某些疾病相类似。炎炎夏日，我们在积极预防中暑的同时，应注意中暑的鉴别诊断，千万不可因一时疏忽，而贻误了疾病的救治。简单来说，中暑易与下列疾病相混淆。

一、中暑与急性心肌梗死

李云是某铁路局工务段的一名老职工，有天上班时，他忽然出现胸痛、胸闷、出冷汗、气喘等症状，他以为是夏季热，中暑了。没想到，这些症状背后却潜伏着致命的危险。所幸他及时去工务段医务室进行了诊治，原来他所患的竟然是死亡率极高的急性心肌梗死。经过紧急救治后，李云终于转危为安。

医生解析：急性心肌梗死的主要症状是胸前部疼痛，伴有冷汗乏力、面色苍白、恶心呕吐等。先兆中暑与轻症中暑患者，迅速转移到阴凉通风处休息，再配合其他解暑措施，一般很快就能好转。而急性心肌梗死的症状一般会持续不缓解或反复发作，这时要迅速送往医院，及早查明病因。

二、中暑与低钾血症

前段时间，26岁的乘务员余飞，在傍晚和朋友打篮球时，突然感到浑身酸软无力，尽管神志清醒，却无法正常站立。朋友们都以为他是中暑了，忙将他抬到树阴下，并想方设法帮他解暑降温，但依旧不见好转。于是，朋友将他送到医院诊治。经医生检查后发现余飞并不是中暑，而是患了低钾血症。经过口服和静脉滴注补钾后，余飞才逐渐好了起来。

医生解析：低钾血症与中暑不同，多在天热大量出汗后没有及时补充钾元素，导致体内钾元素损失过多所致。低钾血症的主要表现是四肢无力，出现不同程度的神经肌肉系统的松弛瘫痪，尤其以下肢最为明显，往往站立不稳。轻微的低钾血症，可通过饮食调节，如吃些香蕉、西瓜、红薯、玉米、土豆、豆制品、绿叶蔬菜等富含钾的食物，或口服钾来补充。较重的低钾血症则必须及时送医院进行治疗，因为低钾血症严重时会出现呼吸衰竭，伴有心血管系统的功能障碍，如胸闷、心悸、呼吸困难、心律失调等。

三、中暑与感冒

“我中暑了，快给我治治吧！”某铁路局电务段职工杨毅一来到医院急诊室就向医生说道。杨毅接着说：“近来天气热，我忽略了防暑降温，这不今天上班时感觉发烧、头晕、恶心。我肯定是中暑了！”经过仔细检查，医生告诉杨毅，他根本不是中暑，而是患了风热感冒。杨毅不好意思地笑了，他感叹说：“中暑与感冒也这么类似！真是伤不起啊！”

医生解析：虽然中暑有发热、头晕等症状，但却与感冒不同。中暑表现为全身症状，如四肢无力、恶心等；而感冒则表现为局部症状，尤其是上呼吸道不适，如鼻塞、流鼻涕、嗓子疼等，这些是中暑所没有的。区别中暑与感冒，有一个简单方法：试着换个环境。如果在高温环境中头晕、头痛，可以立即离开，找个比较凉快的地方，如果症状有所减轻，那么就是中暑了；如果症状没有减轻，那么则可能患了感冒。

温馨提示

中暑要警惕诱发热卒中。因酷暑而诱发的卒中，称为热卒中。对于有高血压、卒中病史的人来说，预防中暑显得尤为重要。如果有发热、头晕、头疼等症状的同时，还伴有半边肢体麻木，则可能是热卒中的前兆，必须及时送医院诊治。

有问有答

问：中暑是否会与其他一些疾病并存？

答：临床发现，中暑不仅易与急性心肌梗死、低钾血症等疾病相混淆，还易与某些疾病并存。

◎中暑与老年性肺炎并存。老年性肺炎的表现不典型，常无咳嗽、咳痰等症状，较常见的是呼吸频率增加、呼吸急促或呼吸困难。此外，老年性肺炎早期常会出现全身中毒症状，表现为精神萎靡、疲倦乏力、食欲不振、恶心呕吐、心率增加、心律失常、意识模糊，严重者血压下降、昏迷。

◎中暑与脑出血并存。脑出血多数无预兆而突然发生，表现为头痛、恶心、呕吐，半数患者有不同程度的意识障碍（如嗜睡、昏睡、昏迷等），还可伴有小便失禁、癫痫发作。

中暑的常见诱因

中暑虽然是夏季常见病，但许多人却不知道为什么会中暑，有些人甚至觉得自己身体挺好的，怎么就莫名其妙地中暑了呢？为了能健康平安地度过酷夏，我们都应该了解中暑的几种常见诱因，以便采取积极有效的措施进行防暑。

一、高温工作及生活环境

高温是导致中暑的直接因素。在炎热的夏季，不管是室外，还是室内都应该避免在高温环境下滞留，多喝清凉的饮料，如茶水、绿豆汤、酸梅汤等。

二、空气湿度大，通风透气性差

人体在气温高于35℃时，为了维持体内产热与散热的平衡，就会以排汗的方式进行降温。但是，当空气中湿度过大的时候，就会影响到皮肤的排汗功能正常工作，皮肤的汗液不能及时排出，体内积聚的热能过多，就会引发中暑。

三、长时间太阳直射

当夏季气温过高，气象局就会发布高温橙色预警。这时从事露天作业的人群需要注意避免长时间太阳直射，尽量缩短露天作业的时间，同时要注意及时补充水分，积极预防中暑的发生。

四、大量出汗，缺乏水分及电解质

天气炎热，高温会使人体大量出汗。汗液中的主要成分为水，同时含有一定量的盐和微量元素。当排汗量过大时，就会造成人体失水、失盐，导致体内电解质紊乱。这时候如果不能及时补充水分和盐分，就会中暑或虚脱。

五、身体虚弱、患病人群

夏季的高温天气，对于身体虚弱或患有重大疾病的人群来说，更需要特别重视防暑降温。外出最好避开高温时段。锻炼也最好选择早晨或傍晚。否则由于抵抗力弱，在大量出汗和高温环境下，极易导致中暑。

温馨提示

酷热天气应尽量避免在阳光直射下进行露天作业，特别是午后高温时段。高温、高湿是中暑的先决条件，在高温作业场所，要采取有效的防暑降温措施，使用遮阳帽或遮阳伞，合理调配作业时间。

中暑常见并发症

有些人觉得中暑是夏季常见问题，注意补充水分、多通通风就好。其实，中暑并非那么简单，严格来说中暑也是一种疾病。如果中暑后没有及时采取救治措施，很可能引发各种并发症，有些并发症甚至会危及生命。那么，中暑究竟易导致哪些常见并发症呢？

一、脑水肿

意识障碍、昏迷常是中暑就诊时的主要症状。重症中暑会对大脑产生病理性改变，出现脑充血、脑水肿或脑出血。脑水肿昏迷程度愈深，越难痊愈。如果患者一直昏迷不醒，表现为呼吸衰竭、循环障碍、心功能衰竭、持续高热，并对降温措施的反应微小，体温始终处于不稳定状态，就说明形成了中枢性高热，中枢神经系统受到了严重损害，那么大脑的损伤已经达到无法挽救的程度。

二、心力衰竭

心血管系统在中暑时，由于皮肤血管扩张引起血液重新分配，心脏排血量增加，使心脏的负荷加重，继而导致心肌收缩能力减弱，使心脏的血液输出量减少，不足以满足机体的需要。如果机体持续高温，则会引起心肌缺血、坏死，促发心律失常、心功能障碍或心力衰竭。

三、急性肾衰竭

中暑会导致体温调节中枢功能障碍、汗腺功能衰竭和水电解质丧失。重症中暑患者由于严重脱水，血液变得极度浓稠，肾脏血流量减少，从而对肾脏造成了病理损害，症状为肾脏充血伴有囊下、肾盂、肾间质的出血。如果没有及时进行救治，机体会由于严重脱水，导致心血管功能障碍和横纹肌溶解等，最终引发急性肾衰竭。

四、呼吸衰竭

人在中暑时，呼吸系统处于高热状态，造成呼吸频率增快和通气量增加，而机体高热使肺通气和换气功能出现障碍。如果中暑症状得不到缓解，换气功能障碍加重，就会引起呼吸衰竭，不及时抢救，易危及生命。

五、休克

中暑使人体处于高热状态，体内各组织器官发生缺氧和代谢紊乱，使身体各部位或器官不能保证正常血液供应，有效循环血量不足，心肌缺血、多器官发生衰竭引发休克。休克亦加重各脏器功能的损伤及衰竭。

温馨提示

想要预防上述中暑常见的并发症，首先要在日常生活和工作中积极预防中暑，没有中暑自然不会有并发症；其次一旦不小心中了暑，要及时处置、科学应对，将中暑对人体健康的危害降到最低。

中暑危险性自测

请认真回答下列问题，进行打分，“无”是0分、“有时”是1分、“经常”是2分。

1. 皮肤温度是否会超过39℃？ 无（ ）有时（ ）经常（ ）

2. 是否有时会呼吸急促、脉搏加快？

无（ ）有时（ ）经常（ ）

3. 皮肤颜色是否异常，出现发红现象？

无（ ）有时（ ）经常（ ）

4. 是否有时感觉皮肤干燥？ 无（ ）有时（ ）经常（ ）

5. 是否有癫痫症状出现？ 无（ ）有时（ ）经常（ ）

6. 是否看东西时偶尔感觉瞳孔缩小？

无（ ）有时（ ）经常（ ）

7. 是否有时会突然发懵，意识丧失？

无（ ）有时（ ）经常（ ）

8. 是否有时情绪激动，歇斯底里？

无（ ）有时（ ）经常（ ）

9. 是否有出汗太多，虚脱的感觉？

无（ ）有时（ ）经常（ ）

10. 是否食欲不振，恶心、呕吐？

无（ ）有时（ ）经常（ ）

11. 是否感觉偶尔腹部绞痛或肢体抽搐？

无（ ）有时（ ）经常（ ）

12. 是否突然头晕目眩、肢体失控？

无（ ）有时（ ）经常（ ）

13. 是否有头痛、偏头痛？ 无（ ）有时（ ）经常（ ）

14. 是否有时会记忆障碍、意识模糊？

无（ ）有时（ ）经常（ ）

累计分数高于10分，或者某些症状比较严重持续不缓解时，说明中暑的危险性很大，应积极预防中暑，必要时要及时就医。

第二节 中暑的预防

哪些人容易中暑

同样的环境中有的人容易发生中暑，而有的人却不会，其实中暑与人的体质、皮肤对热的耐受力、体温调节能力有着密切的关系。以下是易中暑人群，尤其应谨防中暑。

一、心血管疾病患者

高温天气会令心血管疾病患者的交感神经兴奋，从而加重心血管的负荷，减少血流量。尤其是心脏功能不全者，不能及时将体内的热量排出体外，而积蓄体内，易引发中暑。

二、糖尿病患者

糖尿病患者对身体内外环境温度的变化不敏感，即使体内已经积蓄了大量的热量，但糖尿病患者感觉到温度变化较为迟缓，很容易发生中暑现象。

三、感染性疾病患者

感染性疾病患者体内的细菌或病毒会使机体产生内源性致热原，从而加速机体产生热量。另外，炎症还会刺激机体释放出使血管收缩的物质，不利于身体散热，容易发生中暑。

四、营养不良者

营养不良者由于某种营养素的缺乏，容易导致血压下降，进而引起血管反射性收缩，影响机体散热。另外，营养不良者还易发生腹泻，导致身体脱水或电解质紊乱，从而引发中暑。

五、正在服药的患者

抗组织胺药、抗胆碱药、安眠药等药物会引起人体血管收缩，不利于机体散热，使人体的体温调节中枢发生障碍。因此，正在服用上述药物的患者，尤其要注意预防中暑。

六、高温作业者

高温作业者需要长期处于高温环境中，不仅需要忍受环境的高温，而且体内的热量也不宜散发，容易发生中暑。

预防中暑的有效措施

一、适时体检防中暑

天气炎热时，人的生理功能，特别是体温调节、血液循环、水盐代谢功能都会发生变化，易出现大量出汗、心血管负荷加重、四肢无力等症状，会降低工作效率，严重的还会引起中暑。

温馨提示

孕产妇、婴幼儿、老年人也是易中暑人群。孕产妇由于体力消耗较大，身体虚弱，机体代谢产热增多，且皮下脂肪较厚，如果长时间处于炎热、通风不良的环境中，很容易发生中暑。而婴幼儿身体系统和器官尚未发育完善，体温调节功能较差，皮下脂肪层较厚，不利于自身调节气温和散热。另外，老年人的循环系统功能减退、皮肤汗腺萎缩，也会导致机体散热不畅，易发生中暑。

而每个人的体质不同，身体各系统和器官功能的强弱也不同，尤其是一些体质较弱或慢性病患者处于高温环境中，更易发生中暑。因此，为保证高温作业者的身体健康，高温作业者最好在入职前或入暑前进行身体健康检查。如果发现患有心血管疾病、持续性高血压、溃疡病、活动性肺结核以及肝、肾、内分泌疾病，则不宜在高温环境下作业。

此外，最好每年定期体检，一旦发现自己患有心血管疾病、糖尿病、感染性疾病、高血压等影响体温调节、血液循环及水盐代谢功能的疾病，应注意在夏季做好防暑工作。

温馨提示

早发现、早诊断、早治疗，这是现代人应该有的健康意识。想要及早发现疾病，仅依靠自己的感觉是行不通的，比如高血压患者有50%是在体检时才知道自己的血压升高了。因此，预防疾病、及时发现疾病必须借助现代化的科技手段和医疗技术，通过体检将疾病扼杀在萌芽状态。

有问有答

问：体检有哪些必知常识？

答：◎预约信息。体检前可以根据自己的实际情况提前预约体检，预约时应将必要信息登记完整，如姓名、性别、年龄、婚姻状况、联系方式等。

◎饮食安排。体检前3天宜保持正常饮食，忌食油腻、辛辣刺激性食物，限制高盐、高糖、高脂食物的摄入，不吃鸡血、鸭血等血制品。体检前1天吃过晚餐后不宜再进食，保证足够的禁食、禁水时间，以免影响第二天的体检结果。

◎生活起居。体检前应做到劳逸结合，不可过度劳累，避免参加聚会、聚餐及进行剧烈运动，体检前1天尤其要保证休息时间的充沛。

◎衣着穿戴。体检包含X线检查时应注意选择衣物，不要穿着带有金属纽扣的衣服、文胸，贵重首饰也不宜佩戴。

◎关于用药。不能因为体检耽误常规治疗。高血压、冠心病患者体检前不要贸然停药，应坚持常规服药，以便医生对目前的治疗方案进行评价，糖尿病等其他慢性病在空腹采血后应及时服药，以免影响疾病的治疗。

◎关于女性。女性体检的安排应避开经期，这是因为经期可影响红细胞沉降率及红细胞测定，同时经期内也不宜留取尿液标本、进行妇科检查；未婚女性不宜做妇科检查；子宫及附件B超检查时应保持膀胱充盈（胀尿），其他妇科检查前则需排尿。

◎携带病历。有病史尤其是重要疾病病史者体检时应携带病历，并及时如实地向医生进行说明，这样有利于医生提出进一步的治疗方案，达到最佳的治疗效果。

二、及时饮水防中暑

夏季天气炎热，人体会大量出汗，尤其是户外工作的铁路职工，体内水分和钠、钾等矿物质会大量流失。钠参与体内的水代谢，汗液中流失的钠过多，人会感到食欲不振、四肢乏力，严重的还可能引起脱水。钾能维持体内的渗透压和酸碱平衡、维持神经肌肉组织的兴奋性。汗液中流失过多的钾，易引起倦怠无力、头昏头痛。此外，体内缺水时，血液总量减少，血液黏稠度增大，血流速度减慢，进而会使机体器官组织获得的氧气和营养物质减少。身体缺水不仅会降低工作效率，还容易出现头昏脑涨、胸闷气短、中暑等问题。

及时饮水能减缓机体的排汗速度，减少汗液的蒸发量，及时补充汗液流失的水分，预防中暑。增加饮水量还能稀释血液黏稠度，减轻心脏负荷。因此，适当增加饮水量是预防中暑的重要前提。

1. 不渴也要喝水

很多铁路职工往往是感到口渴了才想起来喝水。研究发现，当人感觉口渴时身体已经缺水了。人体早期缺水时，会出现四肢乏力、食欲减退、皮肤潮红、胃部发热、头痛口干、热耐受不良、尿色加深等症状。

当人体流失水分达体重10%时，会表现为恶心、虚弱、谵妄、高热等症状，会严重影响工作和生活；当人体流失水分达体重10%～20%时，属于严重脱水，会表现为吞咽困难、身体摇摆、视力模糊、排尿疼痛等症状；如果人体流失水分超过体重20%时，会严重威胁生命。

保证体内水分充足，不仅能避免缺水、预防中暑，还能使身体处于最佳的健康状态。因此，铁路职工千万不要等到口渴了才去喝水，而应根据机体对水的恒定需求，适时地补充水分。

2.饮水也要适量

有人认为，预防中暑喝水越多越好。其实不然，过多饮水不仅容易导致钠、钾等离子和水溶性维生素大量流失，影响体内的电解质平衡，造成营养素丢失，还会增加肾脏负担。那么，一般来说我们每天需要喝多少水呢？

人体每天从尿液、流汗和皮肤蒸发等流失的水分为1 800～2 000毫升，因此我们每天需要补充2 000毫升左右的水分。而人体需要的2 000毫升水分不仅包括日常的饮水量，也包括食物中的水分。我们每天吃的各种食物中含有大量的水分，如大多数水果、蔬菜中所含水分达90%以上，而鱼类、鸡蛋中含有约75%的水分。一般情况下，人体从一日三餐中获得的水分为1 000～1 200毫升。因此，我们每天还需额外补充800～1 000毫升的水分。当然，夏季我们可以适当多补充一些水，而且具体饮水量的多少还应视每个人所处的环境（如温度、湿度）、劳动量、身体健康状况及食物摄取量而定，没有绝对的标准。

温馨提示

喝水应少量多饮。一次喝水过多，大量水分进入血液中，使血量增加，增加了心脏的负担，人体的渗透压降低，影响水代谢，使水分吸收速度变慢。此外，喝多排多，使得大量盐分流失，破坏血液中盐的平衡，很容易增加身体的疲劳感，引起肌肉痉挛。因此，即使口渴也不能一次猛喝，应少量多饮，每次以100毫升为宜。

有问有答

问：什么时间喝水效果最佳？

答：◎7点。补充夜晚体内丢失的水分，降低血液浓度，促进肝脏和肾脏排毒，刺激肠胃蠕动，预防便秘。

◎8点半。补充工作中消耗的水分，缓解紧张情绪。

◎11点。经过上午的工作，身体流失了大量的水分，而一般12点吃午饭，午饭前不宜大量饮水，以免冲淡胃液、影响消化。所以，上午11点是补水的最佳时机。

◎13点。此时距离午饭已经半个小时，喝一杯温开水有助于促进食物消化。

◎15点。此时喝一杯水能补充下午工作丢失的水分，使人精力充沛。

◎18点半。此时大多数人已经回家，喝一杯水有助于舒缓一天紧张的心情。

◎21点。睡前1～2小时，能避免夜间水分流失引起体内缺水，但补水不宜过多。

3.防暑宜喝哪些水

(1) 白开水。

白开水被称为“百药之王”。白开水与人体细胞中水分的化学性质接近，具有生物活性，容易渗入到细胞膜内，能很快被人体吸收，起到解渴、补充体液的作用。另外，白开水还能调节机体的新陈代谢，促进食物消化吸收、增强机体免疫力。

(2) 淡盐水。

夏季大量汗液会带走体内的水分和钠，适量补充淡盐水能补充身体丢失的水分和钠，维持体内电解质的平衡。

(3) 茶水。

茶叶中富含钾元素，能补充夏季人体随汗液流失的钾元素，能为人体补充水分和钾，有助于散热、解乏。另外，茶叶中含有糖类、果胶、氨基酸等成分，能与唾液结合，解热生津。

(4) 运动型饮料。

夏季天气高湿高热，人体大量流汗会带走体内的矿物质，运动型饮料中富含矿物质，并能增进人体对液体的吸收，是较好的防暑饮料。

(5) 消暑粥。

夏季天气炎热，人的肠胃蠕动缓慢，消化功能相对减弱，易出现头重倦怠、食欲不振等不适感，而喝点消暑粥既能为人体提供所需的营养物质，还能为人体补充水分，起到消暑解渴的作用。常见的消暑粥有：绿豆粥、金银花粥、薄荷粥、莲子粥、荷叶粥、莲藕粥等。

（6）消暑汤。

夏季人体出汗较多、体液损耗较大，消暑汤有利于消化吸收，还能及时为身体补充水分，是夏季补水的重要来源。常见的消暑汤有：绿豆汤、山楂汤、酸梅汤、雪梨汤、金银花汤、西瓜翠衣汤等。

温馨提示

水的最好来源是普通的饮用水，如白开水、清淡的汤类等。水果及蔬菜中也含有大量的水。尽管含气饮料、果味饮料及其他软饮料也能增加水的摄入，但多经过高度加工，并含有糖及其他添加剂，因此不宜饮用。

有问有答

问：哪些水不利于防暑？

答：◎酒水。夏季人体受气温影响容易积蕴湿热，而大量饮酒，会出现体内“热乎乎”的感觉，加重口渴出汗的现象。

◎冷饮。夏季猛喝冷饮，肚子温度骤然降低，易导致体内暑热积聚无法散发，反而会增加中暑的概率。冷饮中的水分子大多处于聚合状态，不利于人体迅速吸收、利用，而热饮中单分子较多，能尽快为身体补充水分。

◎纯净水。纯净水虽然能迅速进入人体，为人体补充水分，但纯净水中缺少对人体有益的微量元素和矿物质，会降低渗透压，将水分迅速通过汗液和尿液的形式排出体外，不能保持体内水分，并带走多种营养成分。

◎蒸馏水。蒸馏水是利用蒸馏设备使水蒸气化，然后再使水蒸气冷凝而成的水。蒸馏水最大的优点在于除去了水中的重金属离子，但同时也除去了有利于人体健康的各种微量元素。长期、大量饮用蒸馏水，会导致人体内缺乏各种微量元素。

◎咖啡和碳酸饮料。这些饮品中含有较多的糖和电解质，具有利尿的作用，摄入过多反而会导致脱水。

问：进餐时不宜多喝水吗？

答：就着汤、水吃花卷、馒头等面食，用汤泡饭，一边吃饭一边喝水，这些习惯都不好。进餐时，消化器官会条件反射地分泌消化液，如口腔分泌的唾液、胃分泌的胃酸等，这些消化液与食物充分混合在一起，食物中的大部分营养成分就被消化成易被人体吸收的物质。如果进餐时喝大量的水，就会冲淡唾液和胃液，并使蛋白酶的活力减弱，影响食物的消化吸收。

问：运动时的补水原则有哪些？

答：◎运动前应该补水200～250毫升，但切忌一次喝大量的水，否则容易因喝水过多而产生饱胀感，进而影响运动的表现。

◎运动中可以每10～15分钟间断补充100～150毫升的水，但具体应按照运动环境、运动强度适当补水。

◎运动后不要立即饮水，可以稍作休息5～10分钟，等心跳稍微平缓，趋于正常的时候再饮水。饮水时最好先在口腔中含一会儿，湿润口腔后再咽下。和运动前饮水一样，运动后饮水不宜一次性大量喝下，应该少量多次。

三、睡眠充足防中暑

前段时间，某医院的急诊科顾医生接待了因睡眠不足而中暑的列车乘务员田小姐。田小姐中暑前刚上了夜班，早晨下班后就与朋友相约一起逛街。从上午逛到了中午，田小姐突然感觉头晕、胸闷，出现了短暂的昏厥后被朋友送到医院就诊。

对于田小姐的状况，顾医生说：“夏季日长夜短，人容易感觉疲劳，如果没有充足的睡眠，很容易导致中暑，田小姐就是这种情形。”事实上，田小姐上了夜班后，最需要的是休息，而不是疲劳地逛街。充足的睡眠，可以使人的大脑和身体都得到放松，既有利于生活和工作，也是预防中暑的关键之一。

1．预防中暑要合理睡眠

顾医生建议，合理的睡眠时间应该是7～9小时，这是睡眠质量的保证。睡7～9小时，恰好是由入睡到睡醒需要的有规律的睡眠时间。

研究发现，人入睡后，首先是脑垂体分泌生长激素增加，促使细胞新陈代谢，使体力得到恢复，这一过程需要80～90分钟，属于“身体的睡眠”阶段。随后，是脑血流量增加，使脑力得到恢复，神经系统得到保养，这一过程需要20～30分钟，属于“脑的睡眠”阶段。然后，又转回“身体的睡眠”与“脑的睡眠”，如此反复4次共需7～9小时。

每天睡足7～9小时，便会让人体力充沛、精神旺盛，宛如充足了电。即使像田小姐一样上夜班的人，白天也应及时睡眠，这样才有利于身体的恢复，也才能在炎炎夏日抵御中暑的侵袭。

温馨提示

虽然提倡睡足7～9小时，但如果经过不到7个小时的睡眠后感到神清气爽、精神抖擞，那么没必要强迫自己像完成任务那样继续赖在床上。相反，很多人睡了9个小时依然感到疲惫，状态甚至不如睡前，此时不应继续睡下去，而是要按时起床，做做运动，帮助身体恢复活力。

2. 适当午睡防暑效果明显

炎炎夏日适当午睡，不仅有利于消除疲劳，还能提高下午的工作效率，同时有助于预防中暑。因此，在条件允许的情况下，我们要尽量养成午睡的好习惯。

不过，科学午睡也是有讲究的。如饭后不要立即午睡，否则会影响肠胃的消化功能；午睡时间不宜过长，以45分钟左右为宜，否则我们的睡眠由“浅睡眠”转入“深睡眠”，一旦睡醒容易感觉“越睡越困”。

3. 睡好防暑觉，要注意睡眠质量

顾医生还提醒我们，良好的睡眠应该是高质量的睡眠，这就需要我们在日常生活中多留意那些有关睡眠的小细节。

(1) 选好睡眠姿势。

俯卧位睡眠会使胸部受到挤压，影响肺脏的气体交换和心脏的收缩舒张，还会导致颈部、下肢肌肉得不到充分放松。

仰卧位睡眠看起来比较轻松，但在仰卧时，上下肢处于伸直紧张状态，肌肉并没有得到满意的松弛。如果习惯将手放在胸前，还会使肺脏和心脏受到压迫，易导致呼吸不畅、睡不安稳、经常做梦等。

侧卧位睡眠比较好，会使全身肌肉得到充分放松，容易消除疲劳。一般来说，向右侧卧的睡眠最可取，右侧卧时心脏在上，受不到压迫，有利于血液的搏出。此外，由于胃脏的3/4在左上腹，十二指肠在右上腹，因此右侧卧时，便于胃中食物向十二指肠移送。

(2) 选好枕头。

选择枕头首先要软硬适中。如果枕头过硬，头枕在上面会感到硌脑袋，而且局部会压痛、压麻，夜里不得不时时翻身，这样会妨碍睡眠。相反，如果枕头太软，头枕在上面得不到支持，陷入枕内，侧卧时会使呼吸换气感到不畅，也不利于睡眠。

枕头的高度也有讲究，应以符合颈椎的生理要求为标准。如果枕头过高，就会破坏平衡。就常人来说，（一侧）肩宽在12～15厘米之间，所以枕头高度也应以12～15厘米为宜。这样，在侧卧时可使颈椎保持正直，仰卧位时颈椎处于生理弯曲，可使肌肉松弛得到休息，胸部呼吸保持通畅，脑部血液供应正常，从而有利于睡眠和健康。

(3) 选好床。

顾医生告诉我们，生活中大部分人都有一个错误观念，以为床柔软度愈好，睡起来就愈舒服。事实上恰好相反。全身的肌肉、骨骼和脊椎会完全放松紧贴着柔软的被子，就无法支撑身体的重量，反而会使身体下陷，身体无法平衡放松，睡醒后容易腰酸背痛。此外，长期睡在支撑力差的床上，我们的脊椎就会逐渐倾斜、变形，很可能会因此而导致弯腰驼背。如果选择的是木板床，只要在上面铺一层薄的垫子即可，对脊椎不会有伤害。因此，普通的木板床却是最佳的选择。

温馨提示

被褥是否清洁对健康有重要影响，因为包围我们身体的皮肤，约有2平方米那么大，在皮肤里分布着众多的汗腺、皮脂腺和神经血管。夜里盖的被子，长期不晒会变得潮凉，盖在身上很不舒服，会影响睡眠。

（4）选好睡眠环境。

◎温度。卧室温度应适宜，温度太高会影响睡眠的深度，导致容易惊醒，温度太低则会导致难以入睡，入睡后容易感冒。卧室的温度最好保持在15℃～24℃之间，这样的温度人体感觉稍微凉爽但不至于感到冷，更利于优质睡眠。

◎湿度。卧室里的湿度保持在40%～60%为宜。夏季湿度偏高，应使用抽湿机或抽湿空调降低卧室的湿度。

◎光线。卧室里的光线应柔和、暗淡，给人舒适和平静的感觉，太过刺眼明亮的光线会导致难以入眠。此外，光线的颜色最好做到既不单一也不五颜六色，淡红、淡黄等暖色系的光线更能提高睡眠质量。

◎声音。噪声污染是影响睡眠的重要因素，因此卧室应保持安静，噪声最好低于30分贝，这种音量相当于有人在耳边说悄悄话。此外，在窗台上种植花草，选择隔音效果理想的门窗，通过关闭门窗的方式都可以有效降低室外的音量。

◎通风。无论是在哪一个季节，我们都应该注意室内的通风换气。室内空气循环率高，人的呼吸质量也会随之升高，肺部的废弃物能更好地随着呼吸排出体外，也有助于深层次睡眠的产生。

（5）平稳睡前情绪。

古人云："先睡心，后睡眠。"所谓"先睡心"，是指睡前一定要情绪平稳，不要再兴奋激动。

也就是说睡前高度用脑的娱乐应有所节制，如打游戏、下象棋、玩扑克牌之类的娱乐活动，有时玩1小时或许有益，但时间太久就会使人头昏眼花，难以入睡。

此外，一首激动人心的歌曲，一部感人肺腑的文学作品，一场发人深省的戏剧、电视或电影，足可使人的情感发生很大的变化，或使人高兴，

或使人气愤，或使人悲伤……这些情感变化会干扰睡眠。因此，为了能安稳入睡，过分刺激和激动人心的娱乐活动不宜安排在临睡前。

有些人还习惯上床后看一会儿书、报，直到昏昏欲睡时便入眠，如果确已成为习惯，不看便无法入睡，又不影响睡眠时间，就不必改掉，可顺其自然。但一般而言，躺在床上看书的习惯，既容易引起和加重近视眼，又可导致失眠，因为书、报，特别是文艺类的作品，容易使人浮想联翩，情绪随之波动，往往干扰了正常睡眠。

4．睡好防暑觉，要远离失眠困扰

失眠是让人感到沮丧的事情。不过，当我们已经注意了上述睡眠细节，却依旧睡不着，那么还有哪些方法能帮我们一觉到天明呢？

(1)建议试试有益安眠的食物，或许会有意想不到的神奇效果，见表3–1。

表3–1 有益安眠的食物

安眠食物	安眠功效	食用时间
牛奶	牛奶中富含20多种氨基酸，其中的色氨酸能发挥镇静和助眠的功效	睡前1小时饮用一杯温牛奶
蜂蜜	蜂蜜中含有与人体血清浓度相近的多种维生素及钙、铁、铜、镁等矿物质。睡前饮用蜂蜜水，能缓解紧张的神经，促进睡眠	睡前1小时饮用一杯淡蜂蜜水
香蕉	香蕉果皮内包含的东西实际上就是“安眠药片”。香蕉除了能平稳血清素和褪黑素外，还富含让肌肉松弛的镁元素	平时可经常吃点香蕉
小米	小米富含B族维生素，维生素B_1、维生素B_{12}的含量尤为丰富，具有安神助眠的作用	建议经常早晚食用小米粥

续上表

安眠食物	安眠功效	食用时间
燕麦片	燕麦片富含促进睡眠的物质，能诱使产生褪黑素	建议经常早晚食用燕麦粥
全麦面包	全麦面包中含有丰富的B族维生素和碳水化合物，经常食用可以促进睡眠	睡前2小时左右食用最好

（2）晚间散步。长期被失眠困扰的人，可以在晚间散散步。散步可以放松肌肉，使身体发热，通常当体温降下来时，人就会感到困乏，想睡觉。

（3）睡前泡脚。睡前泡脚有助于促进全身血液循环，使身体处于一个舒服、温暖和放松的状态，让人更容易进入睡眠。泡脚时，温度不宜过高，一般在40℃左右，水高要没过脚踝处。

（4）睡前听安眠曲。柔和、悠扬的曲风能缓解人紧张的神经，使人的焦虑、紧张、抑郁等情绪得到缓解，有助于帮助人提前进入睡眠。民族乐器、古典音乐、瑜伽音乐和轻音乐都是不错的选择。

（5）松笑导眠法。平卧静心，面带微笑，行6次深而慢的呼吸后，转为自然呼吸，每当吸气时，依次意守（注意力集中）头顶——前额——眼皮——嘴唇——颈部——两肩——胸背——腰腹——臀和双腿——双膝和小腿——双脚，并于每一次呼气时，默念“松”且体会意守部位松散的感觉，待全身放松后，就会自然入睡。

温馨提示

建立规律的睡眠时间有助于让身体提前进入睡眠状态。如果一个晚上10点睡，一个晚上凌晨1点睡，那么身体对你的作息就会感到紊乱，从而加重失眠的情况。所以，无论你能不能在规定的时间点内入睡，都要确定一个自己能实现的时间点，每天雷打不动地在这个时间点去睡觉。久而久之，身体就会接收到时间的暗示。此举有助于改善睡眠。

有问有答

问：经常熬夜该如何调节？

答：像田小姐一样，经常上夜班的人，不仅要注意下班后及时休息，还要注意在日常生活中多调养。

◎补充维生素A。平时可适当多吃富含维生素A的食物（如胡萝卜、菠菜、韭菜、南瓜、牛奶、鸡蛋等），维生素A可保护视力、缓解眼睛疲劳。

◎补充B族维生素。平时可适当多吃富含B族维生素的食物（如燕麦、小米、黄豆、豆角、香菇、鸡肉、鳗鱼、猪肝等），B族维生素不仅参与新陈代谢，保护神经组织细胞，对舒缓焦虑、改善心情也很有益。

◎适当补充能量。要熬夜，就必须补充能量。不过，千万不要大鱼大肉，而应选择吃一些蔬菜、水果及富含蛋白质的食物。

◎注意补水。熬夜过程中，要注意补充水分，温热的白开水、菊花茶、绿茶等是不错的选择。

◎适当活动。熬夜中如果感到精神不振，就应该休息调节，可以稍微活动一下，以缓解疲劳。此外，还可以经常做做深呼吸。

◎前后调养。熬夜前要补充营养和能量，但不可进食过饱；要经常运动，以增强体质。熬夜后要注意保证睡眠，适当午睡也很有益；多到户外走走，有助于身心愉悦。

四、合理饮食防中暑

夏季天气炎热，人体出汗较多，汗液不仅会带走大量的水分，还会带走一部分矿物质和水溶性维生素，容易使体内的电解质失衡、缺乏维生素。因此，夏季预防中暑除了要增加饮水量外，还要适当补充矿物质和维生素。另外，体质虚弱的人相比体质强健的人更易出现中暑症状，所以夏季宜适当补充蛋白质，增强机体的免疫力，强健体质，预防中暑。

1. 补充营养素预防中暑

夏天的高温不仅会让人食欲减退，对营养的吸收和利用也会受到限制。在炎热的生活环境中，人体的排汗量增多，水、盐分代谢有着显著变化。这些变化都会使人体内的代谢增强和营养素消耗增加。所以，要针对性补充身体所需营养素，预防中暑。

(1) 补充蛋白质防中暑。

夏季饮食应该注重清淡，易于消化吸收。但值得注意的是，清淡不是指吃素。素菜中含有大量的膳食纤维及丰富的维生素，但缺乏人体必需的蛋白质，长期吃素容易导致营养失衡。

尤其在高温条件下，人体代谢机能处于旺盛状态，组织蛋白的分解增加，蛋白质消耗量增大。所以，为了确保人体代谢所需营养，要适量补充蛋白质，多吃些富含优质蛋白质的食物。在烹调时宜采用清蒸、清炖的烹调方式，不要做得过于油腻。蛋白质的食物来源见表3–2。

表3–2　蛋白质的食物来源

植物类	米、面、玉米、豆类及豆制品
动物类	肉类、蛋类、禽类、奶类、鱼、虾、蟹
其他	花生、核桃、榛子、瓜子、芝麻、核桃、杏仁、松子

(2) 补充维生素防中暑。

天气炎热人体容易出汗，汗液里含有大量的水溶性维生素，出汗过多会造成体内维生素含量的缺乏。所以，在夏天人体对维生素的需求量要比其他季节要高很多。因此，要在日常饮食中多吃富含维生素的食物。

◎维生素A。维生素A属于脂溶性维生素，它可以有效清除自由基，防止自由基对机体过氧化损伤，还能维持免疫系统功能正常，增强呼吸道的抵御能力。维生素A还有助于排出体内的热量，能有效预防和缓解中暑症状。维生素A的食物来源见表3–3。

表3–3　维生素A的食物来源

水果类	芒果、柳橙、枇杷、樱桃、香蕉、桂圆、杏、荔枝、西瓜
蔬菜类	胡萝卜、南瓜、红心红薯、大白菜、荠菜、茄子、黄瓜、菠菜、韭菜
植物类	绿豆、粳米、胡桃仁
动物类	猪肝、羊肝、鸡肝、鸭肝、鹅肝、蛋黄、奶油、鱼肝油

◎维生素B_1。维生素B_1在人体内是以辅酶的形式参与糖的分解代谢，可保护神经系统、促进肠胃蠕动、增加食欲。夏季高温，人容易出现精神倦怠、食欲不振，补充适量的维生素B_1，能消除疲劳、增进食欲、促进食物的消化吸收。维生素B_1的食物来源见表3–4。

表3–4　维生素B_1的食物来源

水果类	橘子、香蕉、葡萄、梨、核桃、栗子、猕猴桃
蔬菜类	西红柿、芹菜叶、莴笋叶、白菜、海苔
植物类	米糠、麦麸、全麦、燕麦、玉米、花生、豌豆、黄豆、扁豆
动物类	猪肉、牛肉、鳗鱼、动物内脏
其他	酵母、芝麻

◎维生素B_2。维生素B_2又称核黄素，是机体中许多酶系统的重要辅基的组成部分，同时也是参与人体物质和能量代谢的重要物质。它除了参与细胞的氧化还原反应，促进细胞再生之外，还可以利尿消肿、有效降低机体温度，减少中暑的概率。维生素B_2的食物来源见表3–5。

表3–5　维生素B_2的食物来源

水果类	苹果、梨、橘子、柑、橙
蔬菜类	蘑菇、海带、紫菜、黑木耳、豌豆、香菇
植物类	小米、黄玉米、糙米、红豆、黑豆、扁豆、核桃、杏仁、开心果
动物类	畜类、禽类、动物肝脏、鱼类、鸡蛋、鸭蛋、鹌鹑蛋、酸奶

◎维生素B_6。维生素B_6主要作用于人体的血液、肌肉、神经、皮肤等部位。它有促进抗体的合成、消化系统中胃酸的制造、脂肪与蛋白质利用、维持钠/钾平衡的功效。当人体缺乏维生素B_6时，表现为食欲不振、呕吐、下痢等。所以，夏季防暑一定要补充适量的维生素B_6。维生素B_6的食物来源见表3–6。

表3–6　维生素B_6的食物来源

水果类	哈密瓜、香蕉、枇杷、苹果
蔬菜类	胡萝卜、土豆、甘蓝、菠菜、香菇、红薯、苜蓿
植物类	大米、米糠、全麦、糙米、燕麦、葵花籽、核桃、花生
动物类	金枪鱼、瘦牛排、鸡胸肉、牛肉、蛋类
其他	酵母、蜂蜜、小麦胚芽

◎维生素C。维生素C属于水溶性维生素，又称抗坏血酸。它参与免疫球蛋白的合成，可提高机体免疫力；它还具有很强的抗氧化作用，可以保护其他抗氧化剂免遭破坏，如维生素A、维生素E。维生素C还具有软化血管、利尿功能，可以把水分排出体外，降低身体的热度，对预防中暑有很好的效果。维生素C的食物来源见表3–7。

表3–7　维生素C的食物来源

水果类	猕猴桃、杨梅、木瓜、柠檬、橙子、橘子、草莓、沙棘、柚子、酸枣、樱桃、西瓜、桃子、李子
蔬菜类	西兰花、甘蓝、青椒、番茄、黄瓜、西红柿、油菜、香菜、菠菜、芹菜、苋菜、豌豆、豇豆、萝卜

2．补充矿物质防中暑

矿物质又称无机盐，是构成人体组织和维持正常生理功能的重要物质。它既是构成机体组织的重要原料，也是维持机体酸碱平衡和正常渗透压的必要条件。虽然矿物质在人体内的总量不及体重的5%，可它们无法在体内产生和合成，人体所需矿物质全部需要从饮食中获得。

夏天人体的新陈代谢旺盛，会造成一部分矿物质流失，适当补充矿物质可以增强细胞活力，减少中暑发生的可能。尤其在天气热、湿气重的时候，可以适当多吃富含矿物质的食物。

◎钙。钙可强化骨骼和牙齿，预防骨质疏松和骨折。钙被称为"天然的镇静剂"，具有抑制神经细胞兴奋性的功能。体内缺钙，容易出现盗汗、易惊、情绪焦躁。夏季适当补充钙元素，能有效缓解夏季烦躁不安、失眠等症状。钙的食物来源见表3–8。

表3–8　钙的食物来源

蔬菜类	豇豆、萝卜、莲藕、咖喱叶、小白菜、油菜、茴香、芫荽、芹菜、黄花菜、木耳、海带、紫菜
植物类	谷类食物、豆类及豆制品、花生、杏仁、榛子、茶叶、西瓜籽、南瓜籽
动物类	骨头、鱼、虾皮、贝类
其他	牛奶、干酪、酸奶、蛋黄、芝麻酱

◎镁。镁能参与人体内新陈代谢过程，维持神经肌肉和心脏的功能，调节人体的生命活动。体内缺镁时，容易出现心律不齐、手足颤抖、情绪不安等现象，还易造成机体代谢功能紊乱，影响散热，进而引发中暑。镁的食物来源见表3–9。

表3-9　镁的食物来源

水果类	杨桃、桂圆、香蕉、苹果、杏、无花果、桃
蔬菜类	紫菜、土豆、辣椒、苋菜、蘑菇、冬菜、苋菜、大蒜、葱
植物类	小米、玉米、荞麦、高粱、燕麦、豆类及豆制品、花生、芝麻、核桃
动物类	猪肉、牛肉、鱼、虾米、海产品
其他	咖喱粉、啤酒、酵母

◎铁。铁能参与人体的造血功能，体内缺铁，会出现食欲减退、面色苍白、心悸头晕、容易疲乏、记忆力减退、免疫功能下降等症状。夏季食用富含铁的食物，能避免发生贫血，还可增强免疫力、预防中暑。铁的食物来源见表3–10。

表3-10　铁的食物来源

蔬菜类	菠菜、油菜、黑木耳、扁豆、豌豆、芥菜叶、海带、小白菜、雪里蕻
植物类	谷物、干果、葡萄干、杏干、豆类
动物类	猪肝、猪血、鸡胗、猪肉、牛肉、羊肉、蛋黄、鱼、牡蛎、蛤蜊
其他	芝麻酱、红糖、酵母

◎锌。锌主要来源于瘦肉、肝、蛋、奶等动物蛋白食品，夏季天气热会导致食欲下降，饮食上也会少吃荤腥，由此导致锌的摄入量减少。同时，夏天出汗多，锌会从汗液中大量流失。缺锌会引起食欲下降，影响摄入营养物质。因此，夏季宜适当补充锌元素。锌的食物来源见表3–11。

表3-11　锌的食物来源

蔬菜类	紫菜、白菜、黄豆、白萝卜、扁豆、冬菇、土豆、茄子、萝卜缨、南瓜
植物类	麦芽、燕麦、小麦、小米、玉米、高粱面、核桃、花生、芝麻
动物类	牡蛎、虾、动物肝脏、瘦肉、鱼类、牛奶
其他	干酪、花生酱、葵花籽、南瓜籽

◎硒。硒是人体必需的微量元素，也是人体抗氧化酶的重要组成部分，可以避免细胞膜受到损伤。硒可有效清除体内的自由基，增强机体免疫力，维持心脏和其他器官的正常功能。夏季适当补充硒元素，可增强机体的调节功能，强健体质，以防身体功能紊乱发生中暑。硒的食物来源见表3–12。

表3–12　硒的食物来源

蔬菜类	荠菜、豌豆、白菜、南瓜、洋葱、番茄、大蒜、芦笋、胡萝卜、菠菜、蘑菇、西兰花
植物类	燕麦、糙米、海带、裙带菜、黄芪、苜蓿、高丽参
动物类	鱿鱼、牡蛎、大虾、金枪鱼、沙丁鱼、贝类、猪肉、鸡肉、牛肉、羊肉
其 他	鸡蛋、鸭蛋、鹅蛋、红葡萄

◎钾。钾能维持人体的酸碱平衡，维持肌肉和神经的正常功能，调节细胞渗透压，参与人体蛋白和糖的代谢。缺钾会导致人体内酸碱平衡失调、代谢紊乱、心律失常，出现倦怠无力、头昏头痛、食欲不振等症状。夏季出汗较多，钾离子会大量流失，适当多吃富含钾的食物有助于预防中暑。钾的食物来源见表3–13。

表3–13　钾的食物来源

水果类	香蕉、西瓜、橘子、龙眼、香瓜、大枣、橙子、芒果
蔬菜类	苋菜、空心菜、菠菜、油菜、甘蓝、芹菜、莴笋、土豆、胡萝卜、香菇
植物类	全谷类、小麦胚芽、荞麦、玉米、红薯、绿豆、红豆、核桃、花生、海藻类
动物类	鸡肉、鸭肉、鹅肉、羊腰、猪腰、沙丁鱼
其 他	巧克力、瓜子、坚果、奶类

3．有益防暑的优质食材

夏季天气炎热，经常让人心烦气躁、食欲下降，一些清凉润燥、除烦止渴的食材，有助于消暑醒神、消除疲劳，让你在享受食物美味的同时，远离盛夏暑热。有益防暑的优质食材见表3–14。

表3–14　有益防暑的优质食材

防暑解暑的五谷杂粮	
糯米	又叫江米，除含有丰富的蛋白质、脂肪、碳水化合物外，还含有维生素B_1、维生素B_2及钙、铁、磷等矿物质。中医认为，糯米味甘、性温，入脾、肾、肺经，有益气健脾、生津止汗的作用。炎热的夏季，适当吃点糯米，可补充能量、调理脾胃。需要注意的是，不宜一次食用过多，以免造成消化不良
薏米	有“世界禾本科植物之王”的美誉，含有丰富的氨基酸、维生素B_1、维生素B_2及钙、铁等矿物质。中医认为，薏米味甘淡、性微寒，有消暑利湿、润肺解毒的功效。夏季吃点薏米可补肺清热、祛风胜湿、预防中暑，但便秘者、尿多者、消化功能较弱者不宜食用
紫米	含有赖氨酸、色氨酸、脂肪、蛋白质、维生素B_1、维生素B_2、叶酸及钙、铁、锌、磷等矿物质。中医认为，紫米味甘、性平，有开胃益中、健脾活血的功效。夏季炎热，适当吃些紫米能维持血管正常渗透压，降低心肌耗氧量，从而预防中暑的发生。此外，紫米还被称为“补血米”，有补血养颜的功效
大麦	又叫饭麦，富含蛋白质、脂肪、碳水化合物、膳食纤维、维生素E、硫胺素、核黄素、烟酸及钙、铁、钾、锰、硒等矿物质。中医认为，大麦味甘、咸，性凉，入脾、胃经，能滋补虚弱、缓解疲劳、增强免疫。大麦与玉米、花生等搭配，有助于夏季防暑解暑、健脾开胃、增强体质
荞麦	又名花麦、三角麦，富含蛋白质、膳食纤维、多种维生素及钙、铁、锌、镁、钾、铜、硒等矿物质。中医认为，荞麦味甘、微酸，性寒，入脾、胃、大肠经，有益气宽中、消渴除热、平胃止渴的功效。荞麦与糙米、毛豆等食材一同熬制，消暑清热的功效更加显著。不过，脾胃虚寒者、体质易过敏者应慎食
绿豆	又叫植豆，富含蛋白质、脂肪、碳水化合物、胡萝卜素、维生素A、B族维生素、维生素E、叶酸及钙、铁、磷等矿物质。中医认为，绿豆味甘、性寒凉，入脾、肺经，有清热解毒、消暑除烦、止渴健胃的功效。夏季适量吃点绿豆，可有效缓解人体疲劳、消暑解暑。但绿豆性寒凉，脾胃虚弱者不宜多食
毛豆	又名枝豆，富含蛋白质、脂肪、碳水化合物、膳食纤维、胡萝卜素、维生素A、维生素E、烟酸及钙、镁、锌、磷等矿物质。中医认为，毛豆味甘、性凉，入脾、大肠经，有健脾宽中、清热解毒、益气润燥的作用。夏季经常食用毛豆，可有效改善食欲不振、全身倦怠，提高人体的耐热力

续上表

防暑解暑的蔬菜	
丝瓜	含有蛋白质、脂肪、胡萝卜素、糖、维生素及钙、铁、磷等矿物质。中医认为，丝瓜味甘、性寒，入肝、胃经，有清热化痰、止咳平喘的功效。丝瓜的吃法多种多样，凉拌、炒食、烧食、做汤食或取汁饮用均可，都能有效地清热解暑。此外，丝瓜根煮水后饮服，也可防暑
苦瓜	又名凉瓜、癞瓜，含有蛋白质、胡萝卜素、维生素B_1、维生素B_2、维生素C及钙、铁、磷等矿物质。中医认为，苦瓜味苦、性寒，入心、肝、脾、肺经，有清热利尿、清心明目的功效。炎热夏季，适量进食苦瓜，可帮助机体散热，缓解头晕。苦瓜虽然防暑效果好，但体质寒凉者不宜多食
冬瓜	又叫枕瓜、白瓜，含有胡萝卜素、维生素A、B族维生素、维生素C及钙、铁、锌、锰等矿物质。中医认为，冬瓜味甘、淡，性凉，入肺、大肠、膀胱经，有清热利水、消肿解毒、生津除烦的功效。夏天吃一些冬瓜对预防中暑十分有效，冬瓜与海鲜、肉类一起煲汤，清热泻火的功效更佳
南瓜	又叫番瓜、北瓜，含有胡萝卜素、维生素A、维生素C、维生素E、活性蛋白质、膳食纤维及钙、镁、铁、磷等矿物质。中医认为，南瓜味甘、性温，入脾、胃经。南瓜的食用方法很多，南瓜小米粥、清蒸南瓜、水煮南瓜、熘南瓜片等，味美又防暑
黄瓜	又叫刺瓜、青瓜，含有胡萝卜素、维生素A、B族维生素、维生素C、维生素E、蛋白质及镁、铁、硒等矿物质。中医认为，黄瓜味甘、性凉，入脾、胃经，有利尿、清血、祛暑、降胆固醇的功效。夏季食用黄瓜可生津止渴、清热利尿，能快速补充津液，帮助机体散热
胡萝卜	又叫黄萝卜，富含脂肪、糖类、胡萝卜素、花青素、维生素A、B族维生素、维生素C、蛋白质及钙、铁、钾、磷等矿物质。中医认为，胡萝卜味甘、性平，入脾、肺经，有健脾消食、润肠通便、明目益肝的功效。胡萝卜可有效缓解食欲不振、血压升高等症状。胡萝卜中的维生素E还可保护皮肤免受阳光伤害，降低皮肤癌的发病率
莴笋	又叫莴苣、春菜，含有丰富的糖类、维生素、蛋白质及钾、镁、锰、锌等矿物质。中医认为，莴笋味甘、性凉，入胃、大肠经，有通经络、清胃热、利尿的功效。经常食用莴笋可清热排毒、润燥防暑
莲藕	又叫七孔菜，含有丰富的维生素、植物蛋白质、淀粉及钙、铁等矿物质，营养价值较高。中医认为，莲藕味甘、性寒，入心、脾、胃经，有清热生津、凉血散瘀、补脾开胃的功效。夏季吃一些莲藕，能增进食欲、清除暑热、增强人体免疫力。莲藕做成汤菜，解暑功效更佳

续上表

芹菜	又叫药芹，是防癌、解暑的优质食材。芹菜中富含蛋白质、膳食纤维、多种维生素及钙、铁、磷、锌等矿物质。中医认为，芹菜味甘、性凉，入肝、肺、胃经，有平肝清热、祛风利湿、除烦消肿的功效。夏季适量吃一些芹菜，能降压通便、消除烦热
菠菜	有“营养模范”之称，富含类胡萝卜素、维生素C、维生素K、辅酶Q10及钙、铁等矿物质。中医认为，菠菜味甘、性凉，入胃、大肠经，有活血通络、助消化的功效。菠菜含有大量膳食纤维，可加速肠胃蠕动、改善胃肠功能，缓解由高温导致食欲不振、肠胃功能紊乱等症
空心菜	含有人体所需的维生素、蛋白质、膳食纤维及丰富的矿物质，其中维生素B_1含量是番茄的8倍，钙含量是番茄的12倍。中医认为，空心菜味甘、性寒，入心、肝、小肠、大肠经，有清热凉血、利尿、润肠通便的功效。夏季适当吃一些空心菜，可降火去燥、提高机体抵抗力
卷心菜	又叫包菜、圆白菜，富含胡萝卜素、B 族维生素、维生素C、维生素E、膳食纤维及钙、铁、磷、锰、钼等多种矿物质。中医认为，卷心菜味甘、性平，入脾、胃经。夏季食用卷心菜，可安神静心，预防中暑
马齿苋	又叫五行草，含有较为丰富的营养物质，其ω-3脂肪酸含量在绿叶菜中占首位。中医认为，马齿苋味酸、性寒，入心、肝、脾、大肠经，有清热解毒、利水去湿、散血消肿的功效。夏季多吃一些马齿苋，可清热润燥，有效预防中暑
慈姑	又叫燕尾菇，富含淀粉、蛋白质、多种维生素及钾、磷、锌等矿物质。中医认为，慈姑味甘、性微寒，入肺经，有补中益气、生津润肺、敛肺止咳的功效。炎热夏季，吃一些慈姑，可起到清热消肿、预防空调病的作用
银耳	有“菌中之冠”的美誉，富含维生素D、蛋白质、氨基酸及钙、铁、磷等矿物质。中医认为，银耳味甘淡、性平，入肺、胃经，有滋阴润肺的功效，特别适合肺热、高血压、燥咳无痰者食用。夏天喝点银耳汤可以起到防暑降温、润肠益胃、补气和血的作用
生姜	有“还魂草”的美誉，富含蛋白质、糖类、维生素及多种矿物质。中医认为，生姜味辛、性微温，入脾、肺、胃经，有杀菌去臭、预防疾病的作用。俗话说“冬吃萝卜夏吃姜”，夏季吃生姜，有排汗降温、提神醒脑、预防中暑的良好效果

续上表

防暑解暑的水果	
草莓	有“水果皇后”的美誉，富含氨基酸、胡萝卜素、果糖、蔗糖、葡萄糖、柠檬酸、维生素B_1、维生素B_2、苹果酸、果胶、烟酸及钙、镁、磷、钾、铁等矿物质。中医认为，草莓味甘酸、性凉，入脾、肺经，有润肺生津、解热消暑的功效。炎热夏季，适量吃一些草莓，可清热凉血、解暑去燥
西瓜	有“瓜中之王”的美誉，富含糖、维生素、多种氨基酸及少量的矿物质。中医认为，西瓜味甘、性寒，入心、肺、膀胱经，有清热解暑、生津止渴、利尿除烦的功效。夏季出汗较多，食用西瓜可快速补充津液和营养物质，起到消暑止渴的作用
桑葚	又叫桑果，含有活性蛋白质、碳水化合物、膳食纤维、维生素A、维生素E、胡萝卜素、核黄素及钙、铁、锌、锰等矿物质。中医认为，桑葚味甘、酸，性寒，入心、肝、肾经，有补血滋阴、生津润燥的功效。桑葚冰糖蜂蜜饮、桑葚糯米粥，都是夏日解暑的美味佳肴
梨	鲜嫩多汁、酸甜适口，有“天然矿泉水”的美誉，富含糖、蛋白质、脂肪、碳水化合物、维生素B_1、维生素B_2、烟酸、抗坏血酸及磷、硒等矿物质。中医认为，梨味甘、微酸，性凉，入肺、胃经，有生津润燥、清热化痰的功效。梨搭配冰糖熬制的冰糖雪梨饮品，是夏日非常受欢迎的消暑饮品
枇杷	富含果糖、葡萄糖、维生素A、B族维生素、维生素C及钙、铁、钾、磷等矿物质，其胡萝卜素的含量在各水果中名列前茅。中医认为，枇杷味甘、酸，性平，入肺、胃经，有清肺生津、止渴祛痰的功效。夏季适量吃一些枇杷，对预防中暑有积极作用
杨梅	被誉为“果中珍品”，富含糖量、纤维素、维生素、矿物质、果胶、蛋白质及8种对人体有益的氨基酸，其钙、磷、铁等矿物质含量很高。中医认为，杨梅味甘、酸，性温，入肺、胃经，有止渴止泻、消食利尿等功效。炎热夏季，吃一些杨梅，可解除烦渴、促进食欲
葡萄	富含葡萄糖、果酸、蛋白质、氨基酸、B族维生素、维生素C、维生素P及钙、钾、磷、铁等矿物质。中医认为，葡萄味甘、酸，性平，入肝、肺、肾经，有补气血、益肝肾、生津液、强筋骨、安神除烦等功效。夏季吃一些葡萄，能够快速补充人体所需的营养物质，缓解高温造成的头晕、心悸等症状
香蕉	有“智慧之盐”的美誉，含有丰富的蛋白质、糖、膳食纤维、维生素A、维生素C及钾、镁、磷等矿物质。中医认为，香蕉味甘、性寒，入肺、大肠经，有清肠热、降血压、防癌症的功效。夏天食用香蕉，可补充能量、安心凝神、降压除燥

续上表

防暑解暑的水果	
龙眼	富含糖、蛋白质、脂肪、B族维生素、维生素C、维生素E、维生素P及钙、铁、磷、钾等多种矿物质。中医认为，龙眼味甘、性温，入心、脾经，有开胃、补心、益智的功效。夏季食用龙眼，可消除疲劳、改善食欲
猕猴桃	被誉为“水果之王”，富含氨基酸、膳食纤维、维生素A、维生素C、维生素E及钾、镁、钙、碘、锰、锌、铬等矿物质。中医认为，猕猴桃味甘、酸，性寒，入脾、胃经，有清热生津、健脾止泻、止渴利尿的功效。夏季食用猕猴桃，可稳定情绪、安神除烦，可预防情绪中暑
樱桃	富含糖、枸橼酸、酒石酸、胡萝卜素、维生素C及钙、铁、磷等矿物质。中医认为，樱桃味甘、性温，入肝、脾经，有补中益气、健脾和胃的功效。经常食用樱桃，可增强体质，提高机体的耐热能力
菠萝	富含糖类、蛋白质、脂肪、烟酸、维生素A、B族维生素、维生素C、蛋白质分解酵素及钙、铁、磷等矿物质。中医认为，菠萝味甘、酸，性平，入肾、胃经，有解烦、健脾、解渴的功效。夏季食用菠萝，可清热解渴、缓解疲劳
防暑解暑的肉类	
鸭肉	富含蛋白质、脂肪、碳水化合物、硫胺素、核黄素、烟酸、维生素A、维生素E及磷、镁、锌、钾等矿物质。中医认为，鸭肉味甘、咸，性寒，归脾、胃、肺、肾经，可大补虚劳、清热健脾。夏季适当吃些鸭肉或喝点鸭肉汤，有助于清除暑热
鲤鱼	富含蛋白质、不饱和脂肪酸、人体必需氨基酸、维生素A、维生素D及钾、镁、锌等矿物质。中医认为，鲫鱼味甘、性平，入脾、肺、肾经，有补脾健胃、利水消肿、解毒等功效。俗话说“冬鲫夏鲤”，鲤鱼最适宜夏天吃，不但营养丰富，还可以解油腻、降火去燥，是夏日防暑的佳品
扇贝	富含蛋白质、脂肪、碳水化合物、核黄素、维生素E及磷、钾、钠、镁、铁、锌、硒、铜、锰等矿物质。中医认为，扇贝味甘、咸，性平，入脾、胃、肾经，有滋补肾、调中开胃的功效。夏天适量吃一些扇贝，可改善食欲不振、消化不良，增强体质、预防中暑
生蚝	被称为“天然蛋白补充剂”，富含人体必需的多种氨基酸、蛋白质、糖原、牛磺酸、维生素A、B族维生素、维生素D、维生素E及铜、锌、锰、钡、磷、钙等矿物质。中医认为，生蚝味甘、咸，性寒，有滋阴益血，养心安神的功效。夏天吃一点生蚝，能消除疲劳、降温除烦
海参	不含胆固醇，富含蛋白质、18种氨基酸及钙、钾、锌、铁、硒、锰等矿物质。中医认为，海参味甘、咸，性温，入经心、脾、肺、肾经，有降火滋肾、通肠润肺的功效。夏天适当吃些海参，可有效补充人所需的蛋白质、矿物质，维持正常的新陈代谢，提高人体的耐热能力

4. 有益防暑的优质药材

很多人夏季喜欢喝菊花茶来清火防暑，喝起来味道清香甘美。我国自古就有使用中药药材消暑解暑的习惯，除了用药材泡茶外，还可煮粥、做菜。下面的这几种药材不仅能帮助人体远离夏季暑热，还可改善食欲不振、除烦安神。有益防暑的优质药材见表3–15。

表3–15　防暑解暑药材

百合	含有淀粉、蛋白质、脂肪、维生素B_1、维生素B_2、维生素C、泛酸、胡萝卜素、秋水仙碱及钙、磷、铁、镁、锌、硒等营养素。中医认为，百合味甘、性微寒，入心、肺经，有润肺止咳、养阴消热、清心安神的功效。百合药食两用，夏天吃一些百合，可润燥清热、去肺热，有效预防中暑
菊花	含有17种氨基酸，其中谷氨酸、天冬氨酸、脯氨酸等含量较高，还富含维生素及铁、锌、铜、硒等矿物质。中医认为，菊花味甘、性微寒，入肝、肺经，有散风热、平肝明目的功效。夏季易上火，多喝一些菊花茶，可清热、明目、解毒，有效缓解暑热引起的心胸烦闷
芦荟	含有氨基酸、芦荟酸、芦荟大黄素、维生素A、B族维生素、维生素C、维生素E、叶酸及钙、锰、镁、锌等矿物质。中医认为，芦荟味苦、性寒，入肝、大肠经，有清肝热、通便的功效。炎热夏季，适量吃一点芦荟，可清热消暑、美容护肤
薄荷	中医认为，薄荷味辛、性凉，入肝、肺经，有宣散风热、清醒头目的功效。炎热夏季，口含一片薄荷叶，或喝一点用薄荷泡制的茶，能有效提神醒脑、解暑去燥。此外，薄荷还有杀菌消炎、去除蚊虫的功效，非常适宜夏季食用
荷叶	含有大量膳食纤维、芳香类化合物、B族维生素、维生素C和咖啡因等成分。中医认为，荷叶味苦、性平，入肝、脾、胃经，有清热解暑、升发清阳、凉血止血的功效。炎热夏季，适当食用荷叶茶、荷叶粥，能有效清热防暑、降低体温
甘草	含有甘草甜素、黄酮类物质。中医认为，甘草味甘、性平，入心、脾、肺、胃经，有补脾益气、清热解毒的功效。夏季人体脾胃虚弱，倦怠乏力，易产生心悸气短等中暑症状，适当食用一些甘草，可有效防暑解暑
玉竹	又叫葳蕤，根茎中含有玉竹黏多糖、玉竹果聚糖及其他特殊化学成分。中医认为，玉竹味甘、性平，入肺、胃经，有养阴、润燥、除烦、止渴的功效。夏季食用一些玉竹，可增强免疫，缓解内热消渴、头昏眩晕等中暑症状

续上表

陈皮	含有类柠檬苦素、橙皮甙、B族维生素、维生素C等成分。中医认为，陈皮味辛、苦，性温，入脾、肺经，有理气调中、燥湿化痰的功效。夏天气温高，人体易出现腿脚酸软、头晕目眩、食欲不振等中暑症状。适量食用陈皮，可通气健脾、燥湿化痰、增进食欲，是夏日防暑的佳品
茯苓	含有蛋白质、脂肪、葡萄糖等物质。中医认为，茯苓味甘、淡，性平，入心、肺、脾、肾经，有利水渗湿、健脾宁心的功效。夏季易心烦，适量食用茯苓，可宁心安神、除烦防暑
芦根	即芦苇的根茎，含有氨基酸、B族维生素、维生素C、蛋白质、天冬酰胺、甾醇、薏苡素、苜蓿素等成分。中医认为，芦根味甘、性寒，入肺、胃经，有清热生津、除烦止呕的功效。夏季食用芦根，可预防、治疗中暑引起的呕吐、烦渴、头晕、耳鸣等症状
罗汉果	含有三种非糖甜味物质，甜度远远大于蔗糖，还有大量葡萄糖、果糖、蛋白质、维生素、油酸及锰、铁、镍、硒、锡、碘、钼等26种矿物质。中医认为，罗汉果味甘、性凉，入肺、脾经，有清肺利咽、润肠通便的功效。夏季午后气温炎热，此时食用罗汉果，可清除肺热、宁心防暑
藿香	嫩叶中含有蛋白质、脂肪、碳水化合物、萝卜素、B族维生素及钙、铁、磷等矿物质。中医认为，藿香味辛、性微温，入脾、胃、肺经，有化湿、解暑的功效。夏季防暑，可将藿香鲜叶入沸水中制成茶饮
金银花	含有绿原酸、木犀草素苷等药理活性成分。中医认为，金银花味甘、性寒，入肺、心、胃经，有消炎、解热、止血的功效。夏季经常食用金银花，可明目清火、清热解毒、预防中暑
蒲公英	含有维生素A、B族维生素、维生素C、叶酸及钙、铁、钾、镁等矿物质。中医认为，蒲公英味微苦、性寒，入肝、胃经，有清热解毒、利尿散结的功效。蒲公英可以内服也可以外敷，有提神醒脑、解毒清热的功效

5. 防暑饮食不可不知的细节

（1）少食多餐产热少。少食多餐即适当减少三餐的进食量，并在两餐之间食用一些点心。机体在消化食物过程中会产生热量，如果一次性进食过多，那么体内产生的热量也越多。这样不仅会增加肠胃的负担，还会让人感觉身体燥热。因此，夏季饮食宜遵循少食多餐的原则，这样不仅能增进食欲，补充营养，还可振奋精神。

（2）饮食宜均衡清淡。夏季饮食宜营养均衡、清淡进补，以保证为人体全面的补充营养物质，避免发生中暑。夏季饮食不宜过于油腻，否则不仅会加重肠胃的负担，引发消化不良，而且机体代谢过程中也会产生大量的热量，容易导致上火。

（3）多吃青菜瓜果。夏季人们食欲降低，肠胃功能减弱，适宜吃点清淡、味鲜的青菜，如黄瓜、丝瓜、豆角、小白菜等，能为人体补充维生素和矿物质。夏季许多瓜果纷纷上市，吃一些清甜可口的瓜果，不仅能生津止渴、清热防暑，还能补充人体所需的维生素和矿物质。

（4）夏季宜吃点“苦”。苦味食物中含有的生物碱可消暑清热、促进血液循环、舒张血管。夏天吃点苦味食物，有助于泻肝胆、胃肠之火，增进食欲，排出毒素。苦瓜是苦味食物的典型代表，能增食欲、助消化、除热邪、清心明目。但不宜过量食用苦味食物，否则容易出现恶心、呕吐等不适感。

（5）宜吃酸味食物。夏季适当出汗有助于机体散热，排出毒素，但如果大量出汗，会导致体内流失大量的水分和矿物质，还容易造成脱水或中暑。酸味食物不仅可开胃，还有收敛的功效，能避免体液大量流失。另外，酸味的水果一般呈碱性，如柠檬、山楂、菠萝等，能为人体补充水分，起到防暑降温的作用。

（6）辛辣食物宜适量。辛辣的食物可刺激汗腺分泌，加速新陈代谢，有助于排出体内的暑湿。另外，姜可温胃散寒，蒜可中和寒气、消毒杀菌，青椒可降低体温，红辣椒可促进排毒，都适宜夏季食用。但如果过多食用辛辣食物，不仅会刺激肠胃，引起胃酸胀气，还容易使人上火、便秘，心情急躁。因此，夏季食用辛辣食物宜适当，如姜一次食用3～5片即可。

（7）饮食少贪凉。高温炎热的时候，喝杯冷饮会让人感觉身心舒适，还能起到一定的驱暑降温作用。要注意有些食物的摄入要适可而止，经常吃凉食不仅会损伤脾胃、影响食欲，引起恶心、呕吐等症状，还会使体内温度骤然下降，导致暑热积聚在体内无法散发，容易发生中暑。

温馨提示

夏季气温高，食物易变质或感染细菌，食用这些食物后容易出现恶心、呕吐等肠胃不适，使人的生理功能紊乱，易使暑热乘虚而入。因此，夏季食物最好现做现吃，且要避免生、熟食品交叉感染，生吃蔬果时，一定要清洗干净。

有问有答

问：夏季水果能作为主食吗？

答：夏季食用水果，虽然能为机体补充水分、维生素和矿物质，但水果中蛋白质、碳水化合物含量较低，不能为人体全面的补充营养物质。如果长期将水果作为主食食用，势必会造成体内缺乏必需的营养物质，造成营养不良，影响人体的生理功能。另外，大量食用水果，也可能会损伤身体，例如：多食西瓜会利尿伤阴，引发阴虚火旺，出现嗓子干疼、腹泻、腹胀等症状；多食荔枝会造成人体代谢紊乱，出现汗多、头晕、恶心、四肢乏力等症状；多食榴莲和桂圆，易引起上火。

问：夏季食欲不振吃什么？

答：夏季人们易出现食欲不振，食欲不振会影响机体摄入营养物质，容易出现免疫力下降、营养缺乏，甚至引起中暑。因此，夏季不妨适当选择一些开胃的食物，例如：番茄能促进胃液分泌；芹菜味道清香，能增进食欲；木瓜有助于消化；豌豆养胃和中；香菇行气健脾；南瓜强健脾胃；山楂开胃助食。

问：夏季精神倦怠吃什么？

答：缺乏维生素导致人体代谢能力下降，是造成夏季精神倦怠、疲劳乏力的主要原因。缺乏维生素A会出现夜晚视物不清，可通过牛奶、鸡蛋来补充；缺乏B族维生素会口角糜烂、胃口不佳，可通过蛋、鱼、虾、肉或粗粮、豆类来补充；缺乏维生素C容易牙龈出血，可补充蔬菜、水果；缺乏维生素E会心情烦躁，可补充坚果、植物油。

问：夏季全身乏力吃什么？

答：夏季天气炎热，人会大量出汗，汗液除了含有水分和钠外，还含有钾离子。钾能维持体内电解质的平衡和肌肉的正常功能，体内缺钾后，会造成神经肌肉无力、精神不振、四肢乏力。最有效的补钾方式就是食补，能让身体快速吸收。富含钾的食物有：香蕉、豆角、菜花、苦瓜、油菜、菠菜、杏、荔枝、海带等。

五、外出防晒防中暑

夏季天气炎热、日照强烈，我们的身体机能和皮肤面临着巨大的考验。如果外出时，不注意防晒工作，皮肤经过紫外线的强烈暴晒后，会损伤皮肤的表皮细胞、破坏皮肤保湿功能、加剧黑色素沉淀，还容易出现恶心呕吐、烦躁不安、剧烈头痛等中暑症状。因此，夏季外出时一定要积极做好防晒工作，尤其是长期在户外工作的铁路职工和爱美的铁路女职工更应如此。

1．头部防晒很重要

人的头部是大脑神经中枢的所在地，机体的热量有很大一部分是从头部散发的。研究表明，气温为15℃时，人体约有1/3的热量从头部散发；气温在4℃左右时，人体约有1/2的热量从头部散发；气温在−10℃左右时，会有3/4的热量从头部散发。因此，夏季应重视头部的防晒，以免头皮温度过高，影响机体散热，进而引发中暑。

2．防晒解暑物品的选择

（1）防晒霜。夏季防晒，防晒霜自然不可少。建议在外出前半个小时，在面部、颈部及身体裸露部位涂抹防晒霜，宜选择适宜户外使用、轻薄透气的防晒霜。

（2）太阳镜。阳光强烈时，人的眼睛容易被晒伤，佩戴太阳镜不仅可以防晒护眼，还可以通过视觉效果给人以凉爽的感觉。选择太阳镜宜选防晒护眼效果最好的灰色系镜片，不宜选择粉红色或颜色过深的镜片。

（3）遮阳帽。遮阳帽能有效保护头部、面颈部和肩部皮肤免受强光的照射，宜选择宽边、通风良好的帽子。

（4）遮阳伞。遮阳伞的遮盖面积较大，有防紫外线的功能，选择遮阳伞时尽量选择有良好隔热性能的涤纶面料、伞内层是黑胶材质、颜色较深的遮阳伞。

（5）衣服。夏季外出时，宜穿长衣长裤，避免皮肤晒伤；宜选择白色、浅色或素色的衣服，这类衣服吸热慢、散热快，穿着凉爽，不易中暑；宜选择棉、麻、丝类等材质的衣物，能及时散热。

温馨提示

有些人夏季外出时，喜欢赤膊或穿短裙，认为穿得少会更凉快。其实不然，当气温接近或超过37℃时，如果大部分皮肤裸露在外，就会从空气中吸收更多的热量，而此时皮肤的散热功能会减弱，反而会更热。因此，铁路职工外出时最好穿着款式宽松、透气、薄的长衣长裤，以利于通风、排汗、防暑。

3. 铁路女员工防晒特别关注

（1）防晒霜的选购与使用。

◎根据场合选择。SPF即防晒指数，分为从15～50不等，防晒时间为SPF的指数乘以15分钟。PA后面的"+"表示防晒能力，"+"号越多，防晒能力越强。如果不是经常在室内活动，只是每天上班途中需要防晒，选择SPF15、PA+的防晒霜就可以了；如果是户外工作或运动，一般选择SPF30、PA++的防晒霜；如果是去海边或爬山，最好选择SPF50、PA+++的防晒霜。

◎根据肤质选择。油性皮肤最好选择渗透性较强、无油配方的水剂型防晒霜，使用起来清爽、不油腻，可避免堵塞毛孔；干性皮肤最好选择质地水润、有补水功效、轻薄透气的防晒霜，可避免皮肤干燥、老化；痘痘型皮肤与油性皮肤相同，要选择无油配方、渗透力强的水剂型防晒霜，但若痘痘伴有发炎或破损，最好暂停使用防晒霜，选择太阳伞、遮阳帽等物理防晒方法较好。

◎涂抹方法。使用防晒霜前，应先摇一摇瓶子，使乳、液混合均匀。涂抹脸部时，使用中指和无名指在颧骨部位由内向外轻轻涂抹均匀；涂抹颈部时，使用手掌鱼际肌由下至上轻轻涂匀，可避免拉扯肌肤，产生皱纹。

（2）晒后恢复美白的方案。

◎补充水分。经强光照射的肌肤水分已经大量流失，补充肌肤的水分是恢复美白的首要条件。具体做法是：卸妆后，将分子量极小的肌水直接喷在脸上，可保湿、镇静肌肤。

◎使用美白化妆水。含有植物美白成分的化妆水不仅可以清洁皮肤，而且水分的快速渗透能起到收敛、美白肌肤的作用。

◎全天美白。白天紫外线比较强烈，使用美白产品，能帮助肌肤抵御紫外线的侵袭，抑制黑色素的生成。夜间空气中也含有少量的紫外线，且黑色素也会不断分泌，因此夜间美白、修复肌肤效果最佳，能有效修复受损细胞，增强肌肤的抵抗力。

◎专业美白。尽量每周或每隔十天到美容院找专业美容师做美白和保湿的特别护理，以尽快修复受损肌肤。

◎坚持敷美白面膜。敷美白、补水面膜是日常护理的好方法，面膜中含有大量的美白精华乳液，能渗透到深层肌肤，并在短时间内为肌肤补充营养，尽快恢复水嫩透白的肌肤。

◎饮食辅助美白。平时宜多吃富含维生素的瓜果、蔬菜，其中维生素C是一种有效的抗氧化剂，能防止肌肤氧化，阻止黑色素沉着。富含维生素C的食物有柠檬、橘子、黄瓜等；维生素B_6可褪除黑色素、淡化色斑，富含维生素B_6的食物有鸡肉、瘦猪肉、蛋黄、鱼虾、花生、大豆等。

4. 不慎晒伤后的救助措施

（1）冷处理。晒伤后局部会出现皮肤发红、发烫，甚至疼痛，应立即用毛巾浸湿冷水或用冰袋冷敷于晒伤部位，以减轻灼烧感。还可以适当吹吹空调或电扇，来降低室温。

（2）保湿。晒伤后，皮肤细胞处于缺水状态，应适当增加饮水量，补充机体丢失的水分，还可敷一些具有补水效果的面膜，如将黄瓜汁敷于晒伤部位，可减轻疼痛感，补充肌肤丢失的水分。

（3）消肿。如果皮肤晒伤后出现红肿，可用蜂蜜水涂抹，以消毒消肿、美白润肤。此外，西瓜皮对晒伤后皮肤也有良好的修复作用，将西瓜皮捣成汁后敷于伤痛处，有清热利湿的功效，可减轻皮肤肿痛和脱皮的现象。

（4）就医。严重晒伤者，请及时就医。

温馨提示

晒后的肌肤处于缺水状态，且伴有不同程度的炎性反应，如果晒后立即敷酸性的美白面膜，会增加肌肤敏感的概率，容易使皮肤产生红疹等敏感现象。因此，正确的做法是晒后先立即使用补水面膜，将补水面膜在冰箱中冷冻一下，还可镇静皮肤，待肌肤降温、补水后，角质层会恢复到健康状态，此时再敷美白面膜也不迟。

有问有答

问：天气凉爽时需要防晒吗？

答：有人认为只有在十分炎热的高温下，紫外线才会非常强烈。其实，紫外线不会发热，人在爬山时，愈往上，天气越凉爽，紫外线越强烈，海边也是同样道理。因此，夏季爬山或去海边游泳时，一定要涂抹防晒霜。

问：阴天还需要防晒吗？

答：阴天云层较厚，大多数人认为紫外线不会透过云层。事实上，

90%的紫外线都能穿透云层。因此，即使阴天外出，也要涂抹防晒霜。

问：防晒系数越高的防晒产品越好吗?

答：虽然防晒系数越高的产品，隔离紫外线的功能越好，但防晒系数越高，对肌肤的刺激也就越大。一般平常上班选择SPF15、PA+的产品就可以了，户外运动时可根据情况选择防晒效果较好的产品。

问：晒黑后，防晒还有效果吗?

答：皮肤晒黑后，表明皮肤已经进入自我保护状态，皮肤中的黑色素只能吸收紫外线b，通过隔离的作用，保护皮肤免受伤害。但黑色素不能吸收紫外线a，所以即使皮肤已经被晒黑，也要涂抹防晒霜。

问：防晒霜涂多久后才会起效?

答：有人认为涂上防晒霜后会立即起效，其实不然，防晒霜中的有效成分必须渗透至角质表层后，才能发挥功效，因此必须在出门前30分钟就擦好防晒霜。另外，防晒霜经过数小时的汗水稀释会导致防晒功能减弱，因此长时间在户外时，需要及时洗去并重新涂抹防晒霜，以保证防晒效果。

六、心境平和防中暑

李先生脾气火暴，夏季天气炎热，他更是常被无名火所困扰。一天中午，李先生刚刚发完脾气，就出现了胸闷气短、面色发红，且伴有恶心呕吐的症状。于是，李先生在同事的陪同下，来医院就诊。

经医生诊断，发现李先生是中暑了。医生说：“当人的情绪激动时，体表微循环加快，会产生很多热量，很容易引发中暑。”其实，我们常说的“心静自然凉”，并非没有道理。当心静下来的时候，身体机

能处于平稳状态，机体产生的热量较少，而体表的微循环减弱，机体散发的热量少，人自然会感觉凉爽些。另外，中医认为当人心无杂念、安定清静时，五脏的气血才能正常运行，达到阴阳平衡。夏季心的阳气最为旺盛，不宜发怒，以免心火内生。

温馨提示

当气温超过35℃、日照超过12小时、湿度高于80%时，会对人体下丘脑的情绪调节中枢产生明显影响，容易使人出现“情绪中暑”。“情绪中暑”一般表现为：心烦气躁、情绪低落、烦躁不安、情绪失控等症状。“情绪中暑”容易引发心律失常、血压升高、中暑等症状。

以下介绍一些静心的好方法。

1．深呼吸法

找一个舒服的姿势坐好，自然地闭上双眼，把注意力放在呼吸上，吸气时慢慢地鼓起腹部，深深地吸气，感受新鲜的空气进入腹腔，屏息片刻，然后逐渐呼出气体。深呼吸时，不要理会出现的杂念，看着它们自来自去，反复做几次，你会感觉越来越平静。

2．旁观者法

找一个舒适的姿势，坐着或躺着都可以，闭上双眼，感觉自己只是自己身体、思想和情绪的旁观者。当你的身体出现不适、某种想法引起的困扰或出现负性情绪时，我们都可以采用这种方式，静静地看着自己的身体、思想和情绪，仿佛这一切和自己都没有关系，不用为此牵绊或困扰，你只是一个观众。这样你会感觉烦恼慢慢消散，心情也会随着平静下来。

3. 音乐法

音乐能影响人的情感，帮助人宣泄内在情绪。在上下班途中或睡前，不妨听一些舒缓、安静的音乐，让自己的身心随着音乐慢慢地放松、平静下来。如班德瑞轻音乐，曲调优美，加上自然、纯美的意境，可让身心舒缓、放松。

4. 冥想法

早晨或睡前可以进行冥想训练。选一个舒服的姿势坐好，闭上双眼，感觉距自己头顶一肘高的地方有一朵白莲花，静静地开放。当这样冥想时，能量往上移动，心就自然静下来。坚持每天冥想，就能随时随地体验到心静的瞬间。

5. 散步法

我们每天都在走路，有的人越走越急躁，有的人越走越舒缓，关键就在于你的注意力放在哪里。散步时，把注意力集中在步伐上，不去想其他事情，然后慢慢进入一种安宁、平和的状态。

6. 感受手臂法

选一个舒适的姿势坐好，闭上双眼，两臂张开，慢慢地举起，举到一定高度时，在空中停顿一会儿，然后再缓缓地放下手臂。在移动过程中，用心感受手臂的移动。经常练习，你会感觉内心越来越安静，越来越轻松自在。

温馨提示

我们都知道乱发脾气容易伤人伤己，而且夏季心火旺盛，发脾气容易使心火内生，于是有的人会忍住不发脾气。但如果长期压抑自己的情绪，会影响自己的身心健康。正确的做法是，发脾气前先让自己冷静一下，然后通过运动、音乐等方式来宣泄自己的不良情绪。

有问有答

问：高温时焦躁不安怎么办？

答：当心情焦躁不安时，不妨做几个深呼吸，先让自己的心情放松下来，可以找亲人、朋友聊聊天，将心中的烦恼说出来，心理压力就会得以释放。还可以做一些自己喜欢的事情，让自己暂时脱离焦躁的情绪状态。

问：夏季老有无名肝火怎么办？

答：有的人肝火旺盛，总是忍不住大动肝火，此时不妨吃一些苦味食物，如苦瓜、莲子等，以降肝火。平时上班时，还可以泡一些决明子茶、菊花枸杞茶，也可起到降肝火的功效。此外，平时应多休息，保证充足的睡眠，因为熬夜会加重肝脏负担。

问：对方情绪失控怎么办？

答：当家人或朋友情绪失控，冲我们发火时，我们难免会感觉委屈或愤怒，同时对方的不良情绪产生的能量会传递给我们，如果双方大动干戈，则容易影响双方关系，甚至发生其他无法弥补的过错。因此，当对方发脾气时，我们不妨先让对方冷静下来，耐心地了解对方发脾气的原因，这样才能找到更好的处理问题的方式。

七、巧用空调防中暑

空调是夏季必不可少的降暑电器之一，能调节室内温度，使之能适应人体的需要。空调主要有三个用途：制冷、制热和除湿，其中制冷和除湿的作用能在夏季起到降温除湿的功效，可有效预防中暑。那么，如何正确使用空调呢？

1．设置适宜的温度

一般空调温度设定在26℃左右为宜，室内外温差不宜超过8℃，以免温差过大，引起头晕、口干、咳嗽等不适。

2．选择合适的出风口

选择空调送风宜选摇摆风，并避免直接对着人体吹。因为直吹会使皮肤表面的毛孔强烈收缩，影响正常排汗，导致“空调病”，尤其是在睡眠中，直接吹冷风很容易感冒。一般空调制冷时，出风口宜朝上，制热时出风口朝下。

3．巧用空调来除湿

如果室内湿度超过70%，人体就会感觉不适，易引发中暑。空调的除湿功能，不仅能迅速降低室内湿度，还能让房间潮湿的空气变得清爽。但如果室外温度较高、空气较干燥，则不宜长时间使用除湿功能，以免损坏压缩机。

4. 定期清洗空调

空调使用一段时间后，滤网和散热器上会附着大量的灰尘和细菌，如果不及时清洁，很容易使灰尘和霉菌从出风口扩散到室内，从而导致呼吸道不适。一般情况下，最好每隔2个月就彻底清洗一下滤网和散热器。

5. 巧用车载空调

（1）停车前关空调。

有些人停车后常忘记关空调，这样不仅易损耗发动机，还会因潮湿造成大量真菌繁殖，使车内产生异味，影响人体呼吸道的健康。因此，最好在停车前5分钟关闭空调，开启自然风，使空调管道内的温度回升，消除车内外温差，保持空调系统的干燥。

（2）先开窗再开空调。

如果汽车在烈日下停放时间较长，直接开启空调，会使发动机启动时压力过大，车内容易氧气不足。正确的做法是：启动车辆后，先把车窗打开进行通风换气，待热气排出后再发动汽车，之后再开启空调。

（3）交替使用内外循环。

内循环是关闭进气道，使车内空气进行交换，能提高制冷效果，但人体呼出的废气容易被再次吸入；外循环是车内外空气进行交换，能排出车内杂质，增加车内空气的含氧量，但会影响制冷效果。因此，开车时最好交替使用内外循环。

（4）不要在车内吸烟。

很多人喜欢在空调车内吸烟，感觉很惬意，但这样很可能危害身体健康。开空调时，常常关紧车窗，烟雾停留在车内，容易刺激眼睛和呼吸系统，不利于健康。

6. 谨防“空调病”

如今，空调已经成为我们对抗潮热天气的首选“装备”。无论在家里，还是在单位，或是在车上，人们都喜欢开着空调。但需要注意的是，在享受空调带来惬意的同时，也要当心“空调病”悄悄来袭。

所谓“空调病”，严格来说应为“空调综合征”，主要表现为头昏、头疼、鼻塞、喉干、注意力不集中、心悸、血压升高和易感冒等症状。在使用空调的过程中，室内空气在通过空调系统的风道、过滤器时，会使负离子浓度大为降低，吸入这种空气多了，易使人体正常生理平衡失调，从而导致“空调病”的发生。

(1) 忌长时间吹空调。

空调会改变空气中的负离子浓度，长时间处于空调环境，易造成脑神经紊乱，出现头晕、头疼等不适感，严重的还可能出现腰酸背痛、抵抗力下降。另外，长时间吹空调，一旦离开空调环境，很容易使体温调节中枢发生障碍，容易导致中暑。

(2) 忌睡觉吹空调。

夏季昼夜温差较大，夜晚比较凉爽，加之睡觉时毛孔张开，此时吹空调易使冷空气入侵体内，导致着凉、感冒、四肢乏力等不适。因此，睡前不妨开窗吹吹自然风，或使用电扇辅助降温，酷热难忍时，也最好在睡前将空调调至睡眠模式。

(3) 忌出汗吹空调。

人体出汗时毛孔张开，如果突然进入冷空气中，会使毛孔闭塞，影响机体散热。若冷空气进入体内，还容易着凉、感冒。因此，出汗后最好先擦干汗液，或待汗水自然蒸发后再吹空调。

温馨提示

有些人喜欢把空调温度调得过低，造成室内外温差过大，这样从空调房到外界比较炎热的环境，会造成人体体温调节障碍，使得体热积聚、体温升高，很容易发生中暑。空调最好先调到26℃，运行一段时间后，调为27℃为宜，室内外温差控制在5℃～8℃。

有问有答

问：降低湿度的方法有哪些？

答：◎早晚关窗。一般早晨和晚上，室外的空气湿度较高，不宜开窗，以免水汽渗入室内。而中午可适当开窗通风，以利于降低室内湿度。

◎减少水汽。夏季有人喜欢往地上泼水，此举易使室内积聚大量的水汽，增加室内湿度，会使人感觉更加闷热难忍。因此，最好不要在室内大量泼水，泼水后也最好及时开窗透气。另外，家里的被子、枕头等物品，经常放在太阳下晾晒，可以起到防潮除湿的目的。

◎放干燥剂。将防潮除湿的干燥剂放在家里易产生湿气的地方，可降低室内湿度。另外，还可以放置生石灰来降低室内的湿度。

问：降低温度的方法有哪些？

答：◎植物降温。夏季，不妨在室内放置几盆绿色植物，绿色植物能吸收太阳的辐射，净化室内的空气，达到降温的效果。

◎水蒸发法。经常使用湿拖布擦地，或在风扇前放置一盆凉水，开启风扇可使水分蒸发出凉风，达到降低室温的作用。

◎放置鱼缸。室内放置一个鱼缸，鱼儿在里面游来游去，不仅可让人的心情平静下来，而且水还具有吸温的作用，有助于调节室温。

八、科学按摩防中暑

近年来，中医按摩受到了越来越多人的喜爱。中医按摩无副作用，方法简单易学，且经常按摩、拍打以下穴位和部位，有良好的清热解暑、提神醒脑的功效。

1. 自我按摩

坐在床上或椅子上，挺直腰背，双脚张开与肩同宽，将左手掌心放在右手背上，轻轻贴于小腹部，双眼平视微闭，调节呼吸，静坐1～2分钟。

（1）大椎穴。

◎取穴方法：位于人体的颈部下端，第七颈椎棘突下凹陷处。

◎按摩手法：将右手中指指腹按在大椎穴上，食指、无名指、小指自然放于穴位旁，中指用力按摩30～60秒。

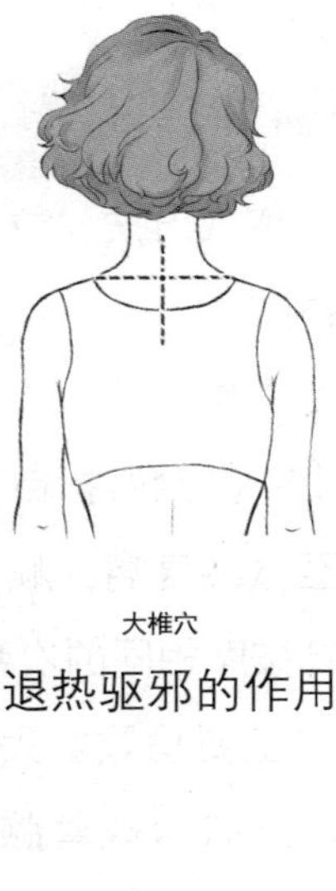

大椎穴

◎主要功效：大椎穴为督脉经穴，是调节全身机能的重要穴位。大椎穴有通阳解表、退热驱邪的作用，夏季按摩可帮助机体消除暑热。

（2）风池穴。

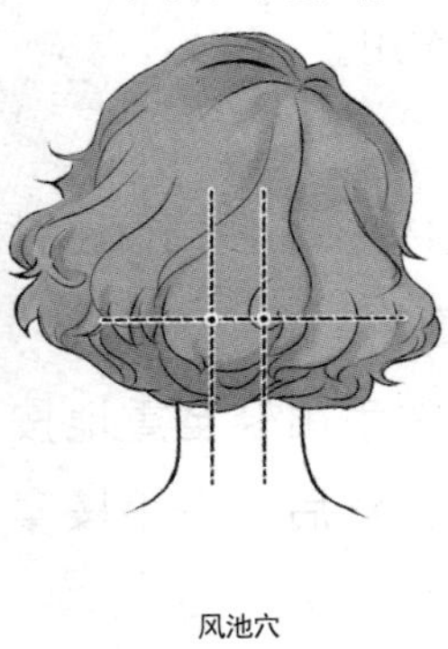

风池穴

◎取穴方法：位于颈项后枕骨下，胸锁乳突肌与斜方肌上端之间的凹陷处。

◎按摩手法：将双手拇指指尖分别放在两侧的风池穴上，其余手指自然放在穴位旁，拇指用力按摩30～60秒。

◎主要功效：经常按压风池穴，可疏风解表、祛风散寒、疏通经络，能促进气血运行，加快血液循环。

迎香穴

（3）迎香穴。

◎取穴方法：位于鼻翼外缘中点旁，当鼻唇沟中。

◎按摩手法：用拇指外侧沿鼻梁、鼻翼两侧上下按摩60次左右，然后按摩鼻翼两侧的迎香穴20次，每天早晚各做1～2次。

◎主要功效：通利鼻窍，保护肺部。

（4）太阳穴。

◎取穴方法：位于眉梢和外眼角之间，向后约1寸处。

太阳穴

◎按摩手法：将双手拇指指腹分别放在太阳穴上，其余四指自然放于两侧，拇指稍用力按压至微感疼痛，顺时针按摩30～60秒，然后逆时针按摩相同的次数。

◎主要功效：太阳穴是头部的重要穴位，按压太阳穴可改善脑部的血液循环，帮助头部散热，起到通络清热、益智醒脑、消除疲劳的作用。

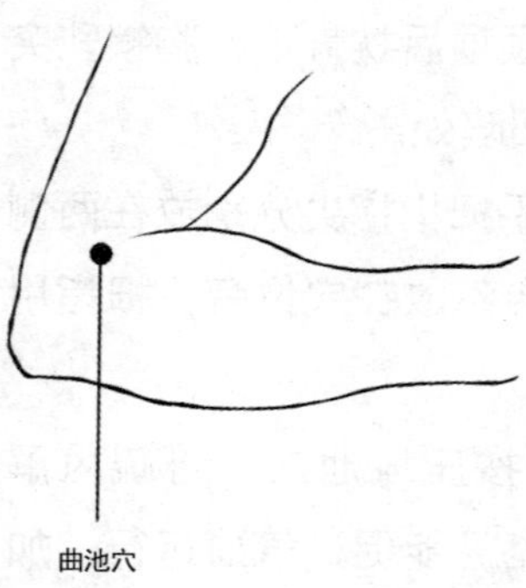
曲池穴

（5）曲池穴。

◎取穴方法：位于肘横纹外侧端，屈肘成直角后用拇指找到凹陷处。

◎按摩手法：先用右手由轻至重地按摩左手曲池穴30～60秒，然后换左手按摩右侧。

◎主要功效：曲池穴对人体的消化系统、血液循环系统、内分泌系统都有明显的调节作用，可散风清热、降低体温。

（6）合谷穴。

◎取穴方法：位于手背上，第1、2掌骨间，当第二掌骨桡侧的中点处。还有一种简单的取穴方法：以左手合谷穴为例，以右手的拇指指骨关节横纹，放在左手拇、食指之间的指蹼边缘上，右手拇指尖所指即为左手合谷穴。

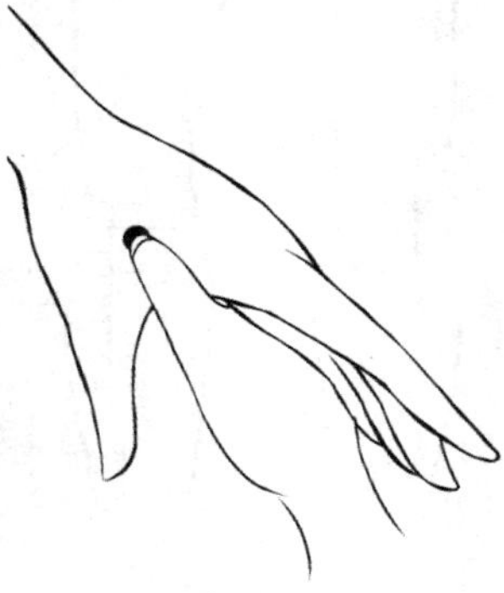

合谷穴

◎按摩手法：将右手拇指指腹按压在左手合谷穴30～60秒，然后换左手拇指指腹按压右手合谷穴30～60秒。

◎主要功效：合谷穴有通经活络、清热解表、调汗泻热的功效。按压此穴，无汗可发汗，汗多可止汗。另外，合谷穴还可用于急救中暑、中风、虚脱等引起的晕厥。

（7）水沟穴。

水沟穴

◎取穴方法：位于鼻唇沟的中点，上嘴唇沟的上三分之一与下三分之二交界处。

◎按摩手法：将右手握呈半拳，拇指伸直，指尖放在水沟穴上，用力按摩30～60秒。

◎主要功效：水沟穴是督脉和任脉的交汇处，可解痉通脉、调和阴阳、疏风清热、镇静安神，是中暑后重要的急救穴位。

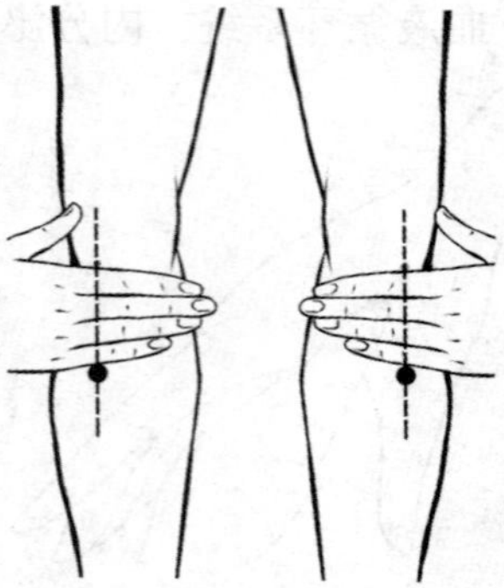

足三里穴

（8）足三里穴。

◎取穴方法：位于外膝眼下3寸，距胫骨外侧约1寸筋间处。

◎按摩手法：将拇指按在足三里穴上，四指弯曲放在小腿内侧，用力按摩30～60秒。

◎主要功效：足三里穴是保健要穴，有疏经通络、祛风除湿、健脾和胃、益气养血的功效。

（9）内关穴。

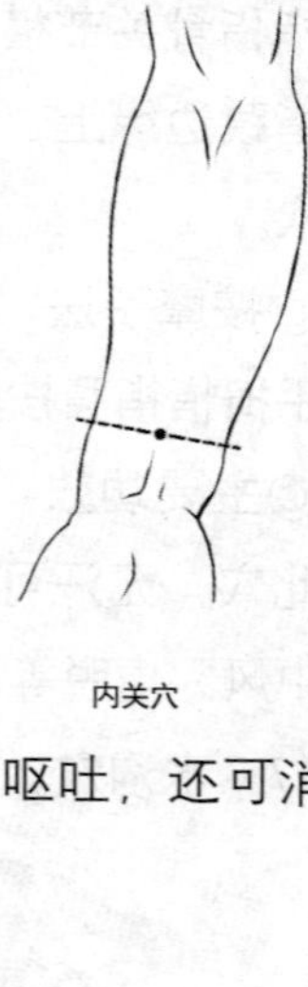

内关穴

◎取穴方法：位于前臂掌侧，手掌侧腕横纹正中直上2寸，掌长肌腱与桡侧腕屈肌腱之间。

◎按摩手法：将右手的拇指按在内关穴上，其余四指自然放于手臂背侧，拇指用力按压30～60秒，两侧交替进行。

◎主要功效：按压内关穴可宁心安神、降逆止呕，能有效缓解中暑、晕车等引起的恶心、呕吐，还可消除疲劳、强健心肺。

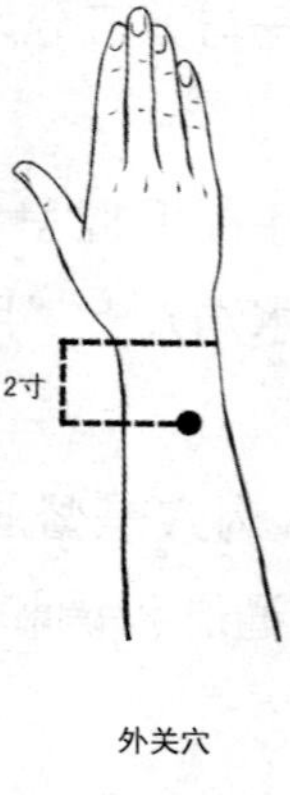

外关穴

（10）外关穴。

◎取穴方法：位于前臂背侧，手背侧腕横纹正中直上2寸，尺桡两骨之间，与内关穴相对。

◎按摩手法：将右手的拇指按在外关穴上，其余四指自然放于手臂内侧，拇指用力按压30～60秒，两侧交替进行。

◎主要功效：外关穴有联络气血、补阳

益气的功效，能改善血液循环，促进机体散热。经常按摩外关穴，还可防治便秘、预防上火及中暑。

（11）劳宫穴。

◎取穴方法：位于掌心横纹中，第2、3掌骨之间偏于第3掌骨，屈指握拳中指尖处。

◎按摩手法：将一只手的拇指指腹放在另一只手的劳宫穴上，其余四指贴于手背，用力按摩30～60秒，双手交替进行。

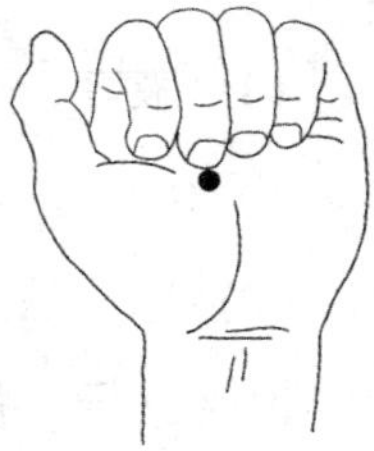

劳宫穴

◎主要功效：劳宫穴可清心开窍、宁心安神，能有效治疗中暑、头昏脑涨等，还有清心火、安神和胃、通经祛湿、熄风凉血的功效。

2. 拍打按摩

（1）腘窝。

◎取穴方法：腘窝位于膝关节后方的菱形凹陷处。

◎按摩手法：取坐位或仰卧位，将双手虚掌着力，连续叩击两侧腘窝处，反复拍打100～200次。

◎主要功效：腘窝中的委中穴是膀胱经的“排污口”，可帮助机体排毒祛湿，腘窝还是机体气血运行的枢纽，适度拍打有助于加强散热、行气活血、消除疲劳。

（2）肘窝。

◎取穴方法：肘窝位于肘前区略呈三角形的凹陷处，尖指向远侧，底位于近侧。

◎按摩手法：将一侧手臂伸直，肘窝朝上，另一只手虚掌着力，双手交替进行，两侧分别拍打100～200次。

◎主要功效：肘窝中经络分布密集，分别有肺经、心经和心包经通过，经常拍打有助于活血散热、预防中暑，还可排出心肺的火气和毒素。

（3）腋窝。

◎取穴方法：俗称“胳肢窝”，分别位于两侧腋下凹陷处。

◎按摩手法：将左侧手臂上举，手掌向上，用右侧手掌拍打腋窝，两侧轮流进行，各拍打30～50次。

◎主要功效：腋窝处有支配上肢的神经和血管及代谢废物的淋巴结群。经常拍打腋窝，能促进全身血液通畅、增强新陈代谢、清热解暑。

（4）肚脐窝。

◎取穴方法：位于髂前上棘水平的腹部正中线上，肚脐四周直径约为1～2厘米。

◎按摩手法：取坐位或仰卧位，将一侧手虚掌着力，以前臂发力，由轻至重、连续不断地拍打肚脐窝100～200次。

◎主要功效：肚脐窝中有内联十二经脉的神阙穴，经常拍打可调和气血、疏通经络、安神宁心。

（5）腰骶窝。

◎取穴方法：位于人体腰骶部的凹陷处。

◎按摩手法：取坐位，上身略微前倾，左右手虚掌着力，纵向或横向由轻至重、反复拍打腰骶窝5～10次。

◎主要功效：经常拍打腰骶窝，能促进身体的血液循环，加强新陈代谢，通调气血、消除暑热，缓解疲劳。

温馨提示

按摩前，宜放松身体，找准穴位，一般力度为感觉有微微的酸胀感即可。拍打前，要沉肩垂肘，放松腕部，掌指关节微屈呈虚掌，五指并拢；拍打时，要注意拍打部位准确，节奏平稳，落掌后迅速提起，力量宜由轻至重，再由重至轻的拍打。处于孕期或经期的女性，应慎用拍打按摩法来预防中暑。

九、耐热锻炼防中暑

生活中，有些人刚进入夏季，就整天待在凉爽的空调房里。殊不知，这样做对我们的身体健康会有影响。某医院急诊科汤医生介绍说："我就曾不止一次遇见这种类型的人。平时没什么问题，一旦生活环境改变，如高温时外出，甚至停会儿电，都会导致他们的身体出现不适。"

汤医生并非危言耸听。前段时间，他就接诊了一位患者，那天这位患者家里下午停电，结果他就出现了头晕、恶心、四肢无力的中暑症状。汤医生指出，如今许多人都像这位患者一样，平时习惯了空调带来的凉爽，身体的耐受能力下降，不能较好地适应高温环境，从而更易被中暑侵扰。

研究发现，人体的热耐力与热应激蛋白有关，而热应激蛋白合成与机体的受热程度和受热时间密切相关。因此，要想提高热耐受能力，就需要在逐渐升高的气温中进行耐热锻炼，促进热应激蛋白的合成。

1．如何进行耐热锻炼

我国大多数地区在每年的4～5月进入初夏时节，在此期间就可以开始耐热锻炼。耐热锻炼最有效的方法是有氧运动，如散步、快走、慢跑、体操、骑车、跳绳等，锻炼要以循序渐进为原则，活动量由少至多，时间由短至长，每天锻炼1小时，每次最好达到微微出汗的效果。锻炼宜在气温25℃左右、湿度在70%以下进行，当温度超过28℃，或湿度高于75%时，宜减少运动量，以免发生中暑。

2．耐热锻炼需注意的事项

有些人锻炼后，感觉燥热难忍，于是锻炼完就开始吹空调或洗澡，这样势必会影响锻炼的效果，还容易受凉感冒。有些人喜欢进行高强度运动，非常享受运动后大汗淋漓的感觉，而运动后汗液流失过多，会使人体血流量减少，循环减慢，减少人体的散热量，从而易引发中暑。除了进行耐热锻炼外，也不宜过早使用空调、电扇等进行降温。

温馨提示

耐热锻炼宜在初夏进行。那么，夏季锻炼又该特别注意些什么呢？

◎运动要有度。夏季气温高、人体消耗大，身体消耗常得不到及时补充，身体往往比较虚弱。此外，过量运动会使血糖偏低、抵抗力下降，严重的则会导致中暑。因此，夏季锻炼尤其要把握运动量。

◎项目要适宜。早晚日照不强时，一些适量的有氧运动（如散步、慢跑等）对健康有益。夏季紫外线强，室内运动是不错的选择，如游泳、健身操、瑜伽等。

◎饮食要合理。运动后建议少吃多餐，多吃水果、蔬菜和蛋白质含量丰富的食物，最好别吃油腻、辛辣的食物。

高温作业者防暑降温方案

一、落实防暑降温责任

一天下午14点，某铁路局工务段职工王海像平常一样来到工地施工，酷热的太阳没多久就把王海晒得汗流浃背。这时，送解暑汤的小李及时赶到，他热情地递给王海一碗酸梅汤，王海一饮而尽后又立即投入到工作中去。王海的口袋里随时都带着铁路局发放的藿香正气水，一感觉出现不适，就喝一瓶。王海及他的同事们虽然夏季长时间在高温、高湿的环境中工作，但他们很少会出现中暑症状，工作效率也没有因高温而受到影响，这都得益于该铁路局实施了高温工作者防暑降温方案及落实了防暑降温具体人员责任制的缘故。

在高温环境下作业的铁路职工，易发生中暑。中暑后不仅会影响工作效率，还易引发事故或危险。因此，夏季积极实施高温作业者的防暑降温方案和要求，完善、落实防暑责任制，严守防范措施工作，制订应急预案，是防止高温天气引发铁路职工中暑、保证职工健康、生命安全、防范生产安全事故的重中之重。

除了落实防暑降温方案、各部门积极配合、责任到位外，还应加强对铁路职工进行防暑降温和安全卫生等知识的宣传教育，让职工能了解预防高温高湿中暑的基本知识和救治措施，提高高温作业的铁路职工的自我保护意识和防范能力。

二、合理安排作息时间

在高温天气期间，要为高温作业的铁路职工调整作息时间，尽量避免在气温过高时进行作业，以充分保证职工的身心健康。（注：在本书第一章第三节“高温作业的劳动保障”中已经有过介绍，这里不再赘述。）

有问有答

问：减少工时会不会减少工资？

答：根据《防暑降温措施管理办法》中的有关规定，用人单位在高温天气时，应适当调整高温作业者的劳动和休息制度，减少高温时段的作业，以保证职工的健康。用人单位不能因高温停止工作、缩短工作时间而降低工作人员的薪资待遇。

问：高温作业者是否需要加班？

答：根据相关规定，职工每天工作的时间不宜超过8个小时、平均每周不超过40小时，以保证职工有充足的休息时间。不能擅自安排、强迫职工加班，加班前应与工会、劳动者进行协商。

三、工作之中轮换休息

高温作业者连续在高温、高热的环境下工作，身体会流失大量的水分和矿物质，如果不及时补充水分和盐分、进行适当的休息，很容易出现水盐代谢障碍、体温调节功能紊乱、循环系统发生改变，极易引发中暑。因此，应加强高温环境下铁路职工的轮换休息，以保证广大职工的身心健康。

1. 加强轮换休息

（1）休息时间。加强高温工作者的轮换休息，可采取勤倒班的方法，缩短职工每次连续工作的时间。一般连续工作2～3小时后可换人休息15分钟。

（2）休息地点。休息地点宜通风凉爽，建筑物阴凉处或在施工附近搭设职工休息棚，配备防暑降温设施，如风扇、水、防暑药品等。

休息地点不宜离施工地点过远，这样可缩短路途所耗费的时间。

（3）人员配置。职工轮换休息，要保证剩余工作人员之间配备合理，能照常进行工作，不会影响到项目进度和质量。尤其是项目骨干、技术人员的调休更需注意，宜在项目难度较低时安排他们抓紧时间休息。

（4）工作交接。职工轮休前，应做好自己工作的交接工作，将接下来工作的内容与交接工作者进行详尽的沟通，明确好责任，以免造成不必要的损失。

2. 加强现场巡查

管理人员应加强现场巡查工作，及时、合理地安排职工进行轮换休息，一旦发现职工出现中暑症状应及时将其转移到阴凉、通风处休息。管理人员要保证休息场所的防暑措施和物品落实到位，及时安排休息后的职工上岗。

温馨提示

高温作业者中暑是否属于工伤呢？根据相关规定，如果职工在气温超过35 ℃的天气条件下工作中暑，并被职业病防治部门鉴定为物理性中暑，职工可到劳动部门进行工伤认定，认定后可享有工伤待遇。如果中暑职工参加了工伤保险，医疗费用将由工伤保险基金支付，伙食补助、病假工资由单位支付。

四、保证饮水供应充足

夏季防暑最有效的方法就是增加饮水量，夏季如何饮水、宜喝哪些水等内容本书已在前面做了详细介绍。那么，高温作业者夏季防暑还要注意哪些方面呢？

1．适量补充盐分

夏季出汗较多，会带走体内大量的钠、钾等矿物质，适当补充盐分，能维持体内电解质的平衡。但如果摄入盐分过多，反而可能造成体内脱水。一般情况下，一天工作8小时，如果出汗量不超过4升，则每天从食物中摄取足够的盐分就可以了；如果出汗量超过6升，可适当喝点淡盐水等来为机体补充盐分。

2．进行危险作业时不喝水

有的铁路职工在作业时，会处于较危险的状态，尤其是高空作业者，最好在作业前后处于安全状态时饮水。而对于一整天都处于高空作业的职工来说，不妨携带一个轻便的吸管饮水壶，这样既能保证随时饮水，还能避免发生危险。

3．烦躁时喝点水

夏季天气炎热，人容易出现烦躁不安的情绪，而这种情绪又会加重机体燥热感，不仅会降低工作效率，还容易导致体内失津，出现津液不足，甚至引发中暑。烦躁时，喝点白开水，能有效改善不良情绪。

温馨提示

天气炎热时，用凉水洗脸感觉非常凉爽、惬意，很多职工也会在饮水时顺便用凉水洗洗脸、洗洗手，通过水分在皮肤表面蒸发来防暑降温。但一定要注意避免用湿手或湿脚去操作电气设备，也不要触碰电源插座，以免触电。另外，当手上出汗较多时，要先将汗液擦干，再去操作电气设备。

五、落实防暑降温药品

一些清热解暑的中成药是由天然制剂制成的，副作用较小，可作为夏季铁路职工常备的防暑物品。管理人员应为高温环境下工作的铁路职工发放降温药品，要求职工施工时随身携带防暑药品，以备不时之需。

◎藿香正气水（颗粒、胶囊）

功效：解表化湿，化湿和中。

适用范围：适用于外感风寒、内伤湿滞引起的感冒、呕吐等症状，还可用于治疗因中暑引起的头晕头痛、恶心呕吐。

◎仁丹

功效：清热解暑，避秽止呕。

适用范围：适用于高温引起的头晕、头痛、恶心、腹痛、水土不服等。

◎十滴水（胶囊）

功效：健胃，祛暑。

适用范围：适用于中暑引起的头晕、恶心、腹痛、胃肠不适。

◎夏桑菊颗粒

功效：清肝明目，疏风散热，除湿痹，解疮毒，防暑热。

适用范围：适用于风热感冒、目赤头痛、头晕耳鸣、咽喉肿痛等。

◎清凉防暑颗粒

功效：清热祛暑，利尿生津。

适用范围：适用于暑热引起的身体燥热、口干舌燥等。

◎玄麦甘桔颗粒

功效：清热滋阴，祛痰利咽。

适用范围：适用于阴虚火旺、口鼻干燥、咽喉肿痛等。

◎下火王颗粒

功效：清热凉血，生津润肺。

适用范围：适用于阴虚内热、舌绛烦渴、骨蒸劳热、目赤咽痛、热毒疮疡。

◎六一散

功效：清暑利湿，保护胃肠。

适用范围：治疗中暑、身热心烦、口渴、小便黄少或灼热等。

◎暑症片

功效：祛暑解毒，化痰开窍，调和肠胃。

适用范围：多用于中暑后昏迷的急救，苏醒后可停服药物。

◎无极丸

功效：清热祛暑，避秽止呕。

适用范围：适用于中暑受热、呕吐恶心、身烧烦倦、头目眩晕、消化不良、水土不服、晕车晕船等。

◎避瘟散

功效：清心醒脑，安神散暑。

适用范围：适用于夏季暑邪引起的头目眩晕、头痛鼻塞、恶心、呕吐等。

◎连翘败毒丸

功效：清热解毒，散风消肿。

适用范围：适用于脏腑积热、风热湿毒引起的疮疡初起、遍身刺痒以及大便秘结。

◎薄荷锭

功效：散风，泄热。

适用范围：适用于风热感冒、头晕头痛。

◎清凉油

功效：清凉散热，醒脑提神。

适用范围：适用于感冒头痛、中暑、晕车、蚊虫蜇咬。

◎风油精

功效：清暑解毒，利湿除烦。

适用范围：用于治疗中暑引起的头昏头痛，夏天夜晚因贪凉引起的腹痛等。

◎金银花露

功效：祛风解表，清热生津。

适用范围：适用于小儿痱毒、暑热口渴。

温馨提示

不同的防暑药品功效有所不同，要根据说明书正确使用，否则可能会出现副作用。脾胃不适者不宜服用藿香正气水；仁丹用于烈日暴晒引发的中暑，但含有朱砂，不可过量服用；十滴水用于急性中暑，但内服刺激性较大，不宜用于预防中暑。因此，服用中暑药物时，要根据说明书或在医生的指导下服用。

有问有答

问：防暑药可以经常服用吗？

答：俗话说“是药三分毒”。防暑药品虽然大多是中成药，但如果长期、过量服用，容易使药物成分在体内堆积，达到一定的程度必然会对人

> 体健康造成危害。因此，在未感觉出现明显的中暑症状时，不宜随意服用防暑药物，最好通过饮食和生活方式来调节身体机能。

六、改善现场作业环境

人长期处于高温环境下，不仅会引起中暑，还可能导致血压下降、心肌损伤、肾脏功能下降等状况。因此，积极改善高温工作者的作业环境，是管理人员不可忽视的责任。

1. 室内降温措施

可利用水隔热或其他隔热材料来吸收机械设备等散发的热量，降低室内温度。在室内安装电扇、空调等强制措施为室内送入冷风，也要经常开窗通风换气。另外，高温作业者宜穿戴隔热服、隔热手套、防护眼镜等，来防止热辐射的危害。

2. 室外降温措施

室外施工时，可搭建临时的遮阳棚或撑起活动伞，开启电风扇，供高温作业者休息、饮水。如果有大型的散热设备，应采取正确的方法，经常为设备降温。高温作业者宜佩戴宽檐帽，避免阳光直射头部，宜穿着棉麻类的浅色衣物。

温馨提示

夏季天气炎热，户外工作者不一会儿就会大汗淋漓，很多人认为擦完汗会比较凉爽，于是在出汗后立即将汗液擦掉。我们都知道水分蒸发能起到降温的作用，汗液也是同样的原理，汗液蒸发时能带走一部分热量，起到散热降温的作用。如果出汗后立即擦掉，身体的热量没有散发，那么汗腺还会继续分泌汗液，这样势必会导致体内流失更多的水分、盐分和维生素，不利于身体健康。

有问有答

问：湿毛巾搭在颈部好不好？

答：湿毛巾中的水分蒸发时会带走人体的热量，使人感觉到暂时的凉爽，但尽量不要长时间这样做。因为机体散热时毛孔张开，寒气乘虚而入，颈背部肌肉受寒会使气血凝滞、筋络痹阻，容易诱发颈椎病。另外，毛巾透气性差，潮湿闷热的毛巾还容易使颈部皮肤起痱子。

不可不知的防暑误区

误区一：冷水洗澡更凉爽

夏季出汗后，人们会觉得洗个冷水澡非常舒服。其实不然，人在出汗时，皮下血管扩张，毛孔放大，血液循环加快。如果突然用冷水洗澡，会使皮下毛细血管迅速收缩，毛孔关闭，汗液分泌停止，阻碍身体散热，人反而会感觉皮肤发热，还易患感冒或其他疾病。温水洗澡能促进身体的血液循环和新陈代谢，加快机体散热。因此，夏季最好用温水洗澡。

误区二：绿豆汤是万能水

绿豆汤是夏季防暑降温的理想汤饮，有的人也很喜欢喝绿豆汤和凉茶，于是在夏季大量饮用，甚至把绿豆汤当水喝。从中医的角度上讲，绿豆汤和凉茶性寒凉，不宜过多饮用，尤其是有四肢冰凉、腹胀、腹泻、便稀等症状的寒凉体质者，容易加重症状，甚至引发其他疾病。另外，处于经期的女性，也不宜饮用绿豆汤和凉茶，以免引发痛经。

误区三：夜晚在树下乘凉

从古至今，从乡村到城市，很多人喜欢晚上在树下乘凉。白天，树冠能反射和吸收空气中的一部分热量，树叶的蒸腾作用也会带走一部分热量。所以，白天树下的温度会比空气中的温度低3 ℃左右，人们乘凉会感觉比较凉爽。而夜晚时，树冠会影响树下地面散热，并且树叶进行呼吸作用会释放大量的二氧化碳，不利于人体健康。因此，夜晚最好选择在空旷的场地乘凉。

误区四：室内泼水来降温

室内闷热时，很多人喜欢通过向室内泼水来降温。水分蒸发会带走一部分热量，会使室内温度暂时下降。但如果室内通风透气性差，空气不能流通，会使室内空气湿度增大，并且过一段时间后，室温又会恢复到原来的温度，使人感觉更加潮湿、闷热，高湿高热的环境反而容易引发中暑。正确的做法是：室内泼水时，要打开门窗，最好打开风扇来加速空气流通。

误区五：剃个光头散热快

很多男性朋友喜欢在夏季剃个光头，认为这样有利于头皮散热，人会感觉更加凉爽。人剃光头后，头皮吸收的热量增加，而头皮排出的汗液会迅速流失，导致汗液蒸发作用减弱，不利于人体散热、降温。另外，头皮由于失去了头发的保护，还易遭受强光照射、意外伤害、蚊虫叮咬、细菌感染等，易引发日光性皮炎、皮肤感染，甚至影响头发生长。因此，夏季男性剃个半公分长的小平头最凉爽。

误区六：浅色衣服最适宜

白色或浅色的衣服能反射多数的光线，会让人感觉凉快，浅色衣物反射的紫外线容易伤害皮肤。红色衣物能大量吸收日光中的紫外线，能有效阻止紫外线对人体的照射，防止皮肤被晒伤。而黑色的衣服吸收热量较大，可形成衣服内对流，带走皮肤表面的汗液和热量，使人感觉凉爽，但黑色的衣服易招蚊虫。因此，夏季对紫外线敏感的宜穿红色衣服，对温度敏感的宜穿黑色衣服，对蚊虫敏感的宜穿白色衣服。

第三节　中暑的症状及紧急施救措施

中暑的症状及护理

中暑后会出现不同的症状，而不同的症状有不同的护理方法，对症采取积极有效的护理措施，能帮助患者缓解中暑症状，促进身体恢复。

1. 口渴、心慌

当出现口渴、心慌、头晕、四肢无力等中暑症状时，应迅速到阴凉处休息，并补充水分，服用十滴水、藿香正气水来促进身体恢复。

2. 高热、发烧

当出现高热、发烧等中暑症状时，应立即将患者搬到通风、阴凉的环境中仰卧，并用温水、50%酒精或白酒擦拭后背，增加身体的散热速度，同时可饮用一些温水或冷的淡盐水。

3. 肌肉痉挛

当出现肌肉痉挛等中暑症状时，可多喝一些盐开水，以牵拉痉挛的肌肉，或用醋或白酒在痉挛处反复按摩，以缓解痉挛症状。

4. 头痛剧烈

当头痛剧烈时，可用毛巾沾湿冷水后敷于头部和颈部，并用手按压太阳穴、风池穴、合谷穴、足三里穴等穴位。

5．昏迷不醒

如果中暑患者昏迷不醒，可用氨水适当刺激患者鼻孔，促进患者清醒，还可按压人中、百会等穴位，促进患者尽快恢复知觉。

6．症状持续

如果患者症状持续，无明显好转，应尽快送往医院救治，以免延误病情。

中暑现场急救措施

中暑后若未能及时实施正确有效的急救措施，容易使患者中暑情况进一步恶化，造成高热、昏迷、心力衰竭，甚至死亡。那么，中暑后该如何进行现场急救呢？

1．搬移

一旦出现中暑症状，应迅速将患者抬到通风、阴凉处，使其平卧，并解开患者的衣扣或脱去外衣。如果外衣已经被汗水浸湿，最好更换衣物。

2．降温

降温是处理中暑的重要措施，高热持续的时间越长，对身体组织的损害越严重。但注意降温方法要适度，不宜快速给患者降温，以免造成感冒或身体机能失调。当患者体温降至38 ℃以下时，应停止强制性的降温方法。

3．促醒

如果患者中暑后失去知觉，可通过指掐水沟穴、合谷穴等穴位促使患者苏醒。如果出现呼吸暂停，应立即实施人工呼吸。

4. 补水

患者有意识时，可让其饮用清凉的饮品，并在水中加入少许盐或小苏打，为患者补充水分和矿物质。但注意不宜急于大量饮水，以免引起恶心、呕吐、腹痛等不适。

5. 转送

对于重症的中暑患者，应立即送往医院救治。搬运患者时，应用担架抬送，运送途中应用冰袋敷于患者的额头、胸口、肘窝、大腿根部等部位，还可以用扇子为患者扇风，帮助患者进行物理降温，以保护大脑、心肺等重要器官。

温馨提示

如果是轻微的中暑症状，则可以通过吹风扇、头上敷冷毛巾等方式进行降温，不宜使用冰块、冰袋降温，以免血管受冷迅速收缩，导致体内的热量无法散出。中暑后出现高热时，可将冰块敷于额头、腋窝和腹股沟等血管浅表处，以免损害大脑、心肺等重要器官。

有问有答

问：中暑后可以服用退烧药吗？

答：退烧药主要是通过让身体发汗来达到降温的目的，而中暑是由于人体的散热受阻，造成热量积蓄，不能通过服用退烧药来达到出汗、降温的目的。人中暑后，身体处于虚弱状态，代谢药物会增加身体脏器的负担，加重副作用。因此，中暑后高热应首先采取物理降温的方法。

问：中暑后能用酒精擦拭体表吗？

答：酒精具有挥发性，能吸收一部分热量，所以用适宜浓度的酒精擦拭体表，可降低体温。但不宜使用浓度过高的酒精或大量擦拭，以免刺激皮肤或造成酒精中毒。

问：中暑后能用万金油降温吗？

答：万金油、白花油等，涂抹后会感觉清凉舒适，于是有人认为中暑后可以通过涂抹这些清凉药物来降温。其实这类药物大多数是油性物质，涂抹后会堵塞毛孔，反而不利于体内热量的散发。

中暑后的生活禁忌

1．忌大量饮水

中暑后应补充水分和盐分，但如果大量饮水，会引起反射性排汗亢进，加重体内水分和盐分的流失，严重的还可引起热射病。正确的饮水方法是少量多饮，每次饮水不宜超过300毫升。

2．忌进食生冷

人中暑后，脾胃常处于虚弱状态，如果进食生冷瓜果，如西瓜等，则容易损伤脾胃，影响消化、吸收功能，严重的还会出现腹泻、腹痛等症状。

3．忌单纯进补

人中暑后，身体虚弱，体内还积聚着大量的热量，如果急于进补，则会加剧体内暑热，不利于身体恢复。

4．忌饮食油腻

中暑后肠胃功能减弱，如果食用过于油腻的食物会加重肠胃负担，容易出现消化不良的现象。大量的血液用于消化食物，输送到大脑和其他脏器的血液相对减少，容易加重人的疲惫感，影响身体恢复。

5．忌口味辛辣

辛辣的食物比较燥热，会助长体内的阳气，使人感觉更加燥热。另外，辛辣的食物也会增加肠胃的负担，因此中暑后口味宜清淡。

中暑后的治疗措施

1．高热、昏迷

高热、昏迷的患者首先应进行降温，物理降温的方式有酒精擦浴、冰敷等，并配合药物降温。根据病情给予药物，以减轻患者脑水肿，适当补充水分和矿物质，及时纠正休克，改善血液循环。

2．热痉挛、热衰竭

热痉挛和热衰竭患者，应迅速转移到阴凉通风处休息，小口摄入凉盐水、清凉含盐饮料。如果出现周围循环衰竭，应静脉注射生理盐水、葡萄糖溶液和氯化钾。通常热痉挛、热衰竭患者经治疗后，半小时到数小时内就可恢复。

3．热射病

热射病患者如果没有得到积极有效的治疗，就会危及生命安全。为使热射病患者高温迅速降低，可将患者浸于4 ℃水中，并不断按摩其四肢皮肤，促进机体散热。在降温过程中，随时观察患者病情变化，并记录肛温，待肛温降至38.5 ℃时，应停止降温，将患者转移到室温25 ℃以下的环境中进行观察和护理。若有些患者不能耐受4 ℃水温时，应采取其他物理降温的方法。如果降温后体温回升，可根据情况采取凉水擦浴、冰敷或再进入4 ℃水中的方法，还可以使用电风扇加速散热。另外，还要辅助药物降温，常用的降温药物是可调节体温中枢功能的氯丙嗪。

护理热射病患者时需注意让其采取平卧位，保持呼吸道通畅，并给予吸氧。静脉注射速度不宜过快，以免加重心脏负担，诱发心力衰竭，还要及时补充水电解质，纠正休克。如果患者出现心跳、呼吸停止，应立即实施心肺复苏；心力衰竭的患者用洋地黄制剂；脑水肿患者用甘露醇脱水；急性肾衰竭可进行血液透析。

第四章

防暑解暑食疗方

夏季骄阳似火、天气灼人，人们出汗多又易渴，此时通过饮食来防暑解暑，效果不错。本章是营养师专为铁路职工量身订制的防暑解暑食疗方，内容涉及茶、粥、菜肴、汤羹等众多方面，希望能对广大铁路职工及家人有所裨益。

第一节　防暑解暑茶方

柠檬茶

原料： 新鲜柠檬半个

调料： 冰糖适量

制作方法：

（1）新鲜柠檬洗净，切成薄片，放入杯中。

（2）加入适量沸水冲泡，加少许冰糖，待水稍凉后即可饮用。

营养师推荐： 这款茶酸甜可口，夏季饮用可有效缓解因高温引起的头晕、口渴、心烦等症状。

化积茶

原料： 山楂15克，麦芽10克，莱菔子8克，大黄2克，绿茶2克

调料： 无

制作方法：

（1）将山楂、麦芽、莱菔子洗净，与大黄、绿茶一起放入杯中。

（2）加适量沸水冲泡，盖上盖焖15分钟即可饮用。

营养师推荐： 这款茶含有多种维生素、果胶和钙、磷、铁等矿物质，夏季饮用可起到健胃消食、预防中暑的功效。

罗汉果茶

原料：罗汉果1个

调料：无

制作方法：

（1）将罗汉果洗净，撕成小片，放入杯中。

（2）倒入适量沸水，泡10分钟，即可饮用。

营养师推荐：罗汉果清香甘甜，热量几乎为零，是润肺止咳、润肠通便、排毒养颜的佳品。夏季饮用罗汉果茶有良好的解渴防暑功效。

胖大海茶

原料：胖大海3枚

调料：冰糖适量

制作方法：

（1）将胖大海洗净，放入杯中，加入冰糖。

（2）倒入适量沸水，泡15分钟，即可饮用。

营养师推荐：这款茶有清热润肺、利咽解毒的功效，是夏季防暑解渴的佳品。

荷叶山楂茶

原料：荷叶半张，山楂50克，肉桂2克

调料：冰糖适量

制作方法：

（1）将荷叶洗净、剪碎，山楂洗净。

（2）将荷叶放入壶中，加适量清水煮沸，加入山楂、肉桂再煮5分钟，加适量冰糖调味即可。

营养师推荐：荷叶清火，山楂消食。这款茶可健脾胃、泻心火，非常适合夏季防暑解暑饮用。

荷叶陈皮茶

原料：干荷叶15克，干山楂、薏米、陈皮各10克

调料：冰糖少许

制作方法：

（1）将干荷叶、干山楂、薏米、陈皮分别洗净，放入砂锅中。

（2）加入约700毫升清水，旺火煮沸，放入少许冰糖（仅用来改善口味），改中火熬煮5分钟。

（3）取一个带有漏网的壶，将煮好的茶水倒入壶中，即可饮用。

营养师推荐：荷叶与陈皮搭配煮茶，风味独特、清香爽口，有不错的促排毒、降血脂、去暑热的作用。

芦根菊花茶

原料：芦根20克，菊花10克

调料：冰糖适量

制作方法：

（1）芦根洗净，切成碎末备用。

（2）将芦根、菊花、冰糖一起放入杯中，加适量沸水冲泡，加盖焖10～15分钟即可饮用。

营养师推荐：这款茶可清热解毒、疏风散热，能有效缓解发热头晕、口干目赤等中暑症状。

芦荟菊花红茶

原料：新鲜芦荟一段，红茶、菊花各5克

调料：蜂蜜适量

制作方法：

（1）芦荟洗净、去皮，切细条；菊花洗净。

（2）壶中加适量清水煮沸，将芦荟、菊花放入壶中，待菊花散开，加红茶、适量蜂蜜再煮3分钟即可。

营养师推荐：这款茶有清热解毒的功效，对中暑引起的肝火内盛、烦躁头晕等症有很好的缓解作用。

金菊薄荷蜜茶

原料： 金银花20克，菊花20克，薄荷10克

调料： 蜂蜜适量

制作方法：

（1）将金银花、菊花、薄荷一起放入砂锅中，加适量清水烧煮。

（2）大火煮沸、稍凉后，加适量蜂蜜调味即可。

营养师推荐： 金银花可清热解毒、疏利咽喉、消暑抗菌，菊花能疏风清热、平肝明目。这款茶不仅清热效果很好，还可用于治疗风热感冒。

陈皮绿豆茶

原料： 绿豆20克，陈皮8克

调料： 无

制作方法：

（1）绿豆、陈皮分别洗净，绿豆用清水浸泡半小时。

（2）砂锅中加适量清水，放入绿豆，旺火煮沸。

（3）放入陈皮，改中火继续煮15～20分钟即可。

营养师推荐： 这款茶可清热解毒、消暑除烦、止渴健胃、减脂通便，是夏季防暑解暑的佳品。

百合知母茶

原料：百合7枚，知母9克

调料：无

制作方法：

（1）百合洗净，用清水浸泡6小时，捞出沥水，放入砂锅中，加400毫升清水，煎取药汁200毫升，去渣留汁。

（2）知母洗净，放入砂锅中，加400毫升清水，煎取药汁200毫升，去渣留汁。

（3）将百合汁、知母汁混合，放砂锅中煎至300毫升即可。

营养师推荐：这是一款防暑佳品，有清热、滋阴、润肺等功效，尤其适合脾胃虚弱、消化不良者饮用。

绿豆去火茶

原料：绿豆30克，绿茶10克

调料：红糖适量

制作方法：

（1）将生绿豆磨碎，和茶叶一起装入布袋。

（2）加入一碗清水，放入锅中一起熬煮。

（3）煎至半碗时，去掉茶袋，加入适量红糖即可饮用。

营养师推荐：绿豆清热去火，绿茶清肺润嗓。这款茶可有效缓解由高温引起的口干舌燥、嗓子疼痛等症状。

第二节 防暑解暑粥方

芹菜粥

原料：芹菜150克，粳米100克

调料：无

制作方法：

（1）将粳米洗净，放入清水中浸泡30分钟。

（2）芹菜择洗干净，切成末备用。

（3）将粳米及泡米的水一起倒入锅中，大火煮沸后放入芹菜末，改小火熬煮至粥熟即可。

营养师推荐：这款粥可清肝热、降血压，非常适合夏季防暑食用，还有良好的通便排毒的功效。

丝瓜苦瓜粥

原料：丝瓜、苦瓜各50克，粳米100克

调料：无

制作方法：

（1）粳米洗净，用清水浸泡30分钟。

（2）苦瓜洗净、切块，丝瓜去皮、去瓤、洗净，切成块。

（3）锅中加适量清水，倒入粳米及泡米的水，煮沸后倒入其他食材，大火煮沸后改小火熬煮至熟即可。

营养师推荐：这款粥营养丰富，富含人体所需的维生素、膳食纤维。炎热夏季适当吃些丝瓜苦瓜粥，有良好的促消化、防暑热的功效。

绿豆荷叶粥

原料：粳米150克，绿豆、荷叶各50克

调料：无

制作方法：

（1）粳米洗净，用清水浸泡30分钟。

（2）绿豆洗净，浸泡3小时；荷叶洗净，切块备用。

（3）锅中加适量清水，放入粳米及泡米的水、绿豆，大火煮沸后改小火熬煮成粥。

（4）将切好的荷叶倒入锅中，稍微搅拌，待粥飘出淡淡清香后即可。

营养师推荐：这款粥可作为夏季解暑佳品，供早晚餐食用，有良好的预防中暑、清热利湿、降压降脂的功效。

海带绿豆粥

原料：海带100克，绿豆50克，粳米100克

调料：陈皮、红糖各适量

制作方法：

（1）将绿豆洗净，用清水浸泡2小时。

（2）粳米洗净，用清水浸泡30分钟。

（3）海带洗净，切成丝备用。

（4）锅中加适量清水，倒入泡好的粳米、绿豆、海带丝和陈皮，大火煮沸后改小火熬煮至米豆熟烂，加适量红糖调味即可。

营养师推荐：这款粥深受人们喜爱，有不错的健脾利尿、清热去火、解毒通便的功效。

红豆紫米粥

原料：红豆100克，紫米300克

调料：白糖适量

制作方法：

（1）紫米洗净，倒入清水中浸泡6小时；将紫米放入锅中加适量清水煮粥。

（2）红豆洗净，放入清水中泡开；另取一锅，加适量清水，倒入泡好的红豆，开小火煮至红豆开花。

（3）待紫米煮熟后倒入煮好的红豆，继续熬煮，待粥煮好后加适量白糖调味即可。

营养师推荐：紫米是米中珍品，有补血益气、健肾润肝的功效。这款粥有补血养肝、排毒解酒、滋阴补肾的功效，非常适合夏季防暑食用。

陈皮小米粥

原料：小米60克，银耳3小朵

调料：陈皮5克，枸杞6～8粒，冰糖适量

制作方法：

（1）小米、陈皮分别洗净，银耳提前泡发，枸杞浸泡半小时。

（2）锅中加适量清水，放入陈皮、银耳，煮沸后改小火煮10分钟。

（3）放入小米，大火煮沸后改小火继续熬煮15～20分钟。

（4）放入枸杞、冰糖，继续煮10分钟即可。

营养师推荐：这款粥甘甜爽口、清香怡人，有良好的理气健脾、燥湿化痰、降逆止呕的功效，尤其适合夏季及食欲不振、消化不良、胸膈满闷、恶心呕吐者食用。

花生双豆粥

原料：粳米100克，花生50克，绿豆、黑豆各20克

调料：白糖适量

制作方法：

（1）将花生、绿豆、黑豆分别洗净，放入清水中浸泡3小时，捞出备用。

（2）锅中加适量清水，倒入花生、黑豆、绿豆，大火煮沸。

（3）将洗净的粳米倒入锅内，继续煮沸后改小火熬煮至米烂豆熟，加少许白糖调味即可。

营养师推荐：这款粥有良好的健脾、开胃、养血的功效，夏季食用可促进食欲、增强机体免疫力。

美味三色粥

原料：豆腐150克，豌豆50克，胡萝卜50克，粳米100克

调料：盐适量

制作方法：

（1）将粳米洗净，用清水浸泡30分钟。

（2）将豌豆洗净，胡萝卜洗净、切丁，豆腐洗净、切丁。

（3）锅中加适量清水，倒入粳米及泡米的水、胡萝卜丁和豌豆，大火煮沸。

（4）将豆腐丁倒入锅中，改小火熬煮成粥，加适量盐调味即可。

营养师推荐：这款粥色泽美观，有健脾胃、益中气、降血脂的功效，夏季食用可补益身体、防暑解暑、增强免疫。

南瓜山药粥

原料：南瓜、山药各50克，粳米100克

调料：盐适量

制作方法：

（1）粳米洗净，用清水浸泡30分钟。

（2）南瓜洗净、去皮、去瓤，切成块；山药洗净、去皮，切成块。

（3）锅中加适量清水，倒入粳米及泡米的水，大火煮沸，放入南瓜块、山药块，改小火继续煮至食材熟烂，加少许盐调味即可。

营养师推荐：这款粥有宽肠通便、健脾养胃的功效，夏季经常食用，可预防因高温引起的食欲不振、抵抗力下降。

南瓜百合粥

原料：南瓜丁60克，百合15克，粳米150克

调料：盐适量

制作方法：

（1）百合去皮，洗净，掰成瓣，放沸水中烫透，捞出沥水。

（2）粳米洗净，用清水浸泡30分钟，捞出沥水。

（3）锅中加适量清水，放入粳米及泡米的水，大火煮沸，放入南瓜丁、百合，继续煮沸后改小火煮至粥熟，加少许盐调味即可。

营养师推荐：这款粥尤其适合夏季食用，有很好的养阴润肺、清心安神、防暑解暑的功效。

莴笋虾丸粥

原料：虾仁100克，莴笋50克，粳米150克，鸡蛋清20克

调料：淀粉、盐各适量

制作方法：

（1）将莴笋洗净、切成丝，入沸水中烫一下；粳米洗净，用清水浸泡30分钟。

（2）虾仁洗净后剁成末，加蛋清、淀粉、盐一起搅拌均匀，搓成丸子。

（3）锅中加适量清水，倒入粳米及泡米的水，煮至八成熟时下丸子和莴笋丝，继续煮熟即可。

营养师推荐：这款粥营养丰富，含有蛋白质、脂肪、糖类、维生素A、B族维生素、维生素C及钙、铁、磷等矿物质，夏季食用可有效增强免疫力。

莲藕糯米粥

原料：糯米150克，莲藕100克，花生60克，红枣8粒

调料：白糖适量

制作方法：

（1）将糯米洗净，用清水浸泡30分钟。

（2）莲藕洗净，切成片；花生洗净；红枣去核，洗净。

（3）锅中加适量清水，放入糯米、泡米的水及藕片、花生、红枣，大火煮沸后改小火熬煮成粥，加少许白糖调味即可。

营养师推荐：糯米与莲藕搭配煮粥，可改善夏季常见的食欲不振、脾胃虚弱等状况。

菠菜山楂粥

原料：菠菜、山楂各100克，粳米200克

调料：冰糖适量

制作方法：

（1）粳米洗净，用清水浸泡30分钟。

（2）菠菜洗净，切段；山楂洗净，去核。

（3）锅中加适量清水，放入粳米及泡米的水，煮至七成熟后放入山楂，煮至粥熟，放入冰糖、菠菜段，继续煮熟即可。

营养师推荐：山楂与菠菜搭配煮粥，夏季适当食用，可起到清热、生津、润燥等功效。

银耳山楂粥

原料：水发银耳100克，山楂50克，粳米150克

调料：白糖适量

制作方法：

（1）粳米洗净，用清水浸泡30分钟；银耳洗净，切碎；山楂洗净，切片。

（2）锅中加适量清水，放入粳米及泡米的水，煮至米粒开花。

（3）放入银耳、山楂继续煮至粥稠，加少许白糖调味即可。

营养师推荐：这款粥非常适合夏季食用，不仅能防暑解暑，还有益气凉血、镇静安神的功效。

玉米银耳粥

原料：粳米150克，水发银耳、玉米各50克

调料：葱花、盐各适量

制作方法：

（1）银耳泡发，洗净；玉米洗净；粳米洗净，用清水浸泡30分钟。

（2）锅中加适量清水，放入粳米及泡米的水，煮至米粒开花。

（3）放入银耳、玉米，转小火煮至粥成浓稠状，放少许盐调味，撒上葱花即可。

营养师推荐：这款粥简单易学，可滋补身体、润肺降压、保护心脑血管、提高机体免疫力。

良姜陈皮粥

原料：高良姜、陈皮各10克，粳米100克

调料：盐适量

制作方法

（1）粳米洗净，用清水浸泡30分钟。

（2）高良姜洗净，切成片；陈皮洗净，切成丝。

（3）锅中加适量清水，放入粳米、泡米的水、陈皮丝、高良姜片，大火煮沸后改小火熬煮成粥，加少许盐调味即可。

营养师推荐：这款粥有理气健脾、燥湿化痰、降逆止呕的功效，夏季适当食用，可增强免疫，抵御高温对人体的伤害。

香蕉双米粥

原料： 粳米、糯米各50克，香蕉150克

调料： 无

制作方法：

（1）糯米洗净，用清水浸泡1小时；粳米洗净，用清水浸泡30分钟；香蕉去皮，切成丁备用。

（2）锅中加适量清水，倒入糯米、粳米及泡米的水，大火煮沸后改小火煮至粥熟。

（3）将香蕉丁倒入锅中，继续稍沸即可。

营养师推荐： 这款粥香甜爽口，夏季食用不仅有助于稳定血压，还有促进食欲、通便排毒、防暑解暑的作用。

香菇花生粥

原料： 香菇50克，花生30克，粳米150克

调料： 葱花、盐各适量

制作方法：

（1）香菇洗净，切成片；花生洗净；粳米洗净，用清水浸泡30分钟。

（2）锅中加适量清水，倒入粳米和泡米的水，大火煮沸后倒入花生和香菇片，改小火熬煮成粥。

（3）粥熟后，加少许盐调味，撒上葱花即可。

营养师推荐： 这款粥有补血、降压、降脂的功效，夏季食用可有效预防中暑的发生。

鱼肉小米粥

原料：鱼肉100克，小米150克

调料：香菜末、料酒、盐各适量

制作方法：

（1）将鱼肉去骨、去刺、洗净后切成丁，加料酒、盐拌匀，腌渍片刻。

（2）小米洗净，用清水浸泡30分钟。

（3）锅中加适量清水，倒入小米和泡米的水熬煮成粥。

（4）待粥熟后倒入鱼丁，继续煮熟，加适量盐调味，出锅撒上香菜末即可。

营养师推荐：这款粥含有丰富的优质蛋白质，且脂肪含量低，夏季经常食用，可起到降脂降压、健脾开胃的功效。

鸭血鱼片粥

原料：鲫鱼150克，鸭血80克，粳米150克

调料：葱花、姜末、香油、盐各适量

制作方法：

（1）将鲫鱼处理干净后切片，鸭血洗净切片。

（2）锅中加适量清水，放入鲫鱼片、葱花、姜末，加适量盐调味，大火煮沸后改小火煮至鱼片熟烂，捞出鱼肉留汤备用。

（3）将鸭血和洗净的粳米倒入鲫鱼汤中，开小火熬煮成粥，放入鱼肉稍煮，出锅前淋少许香油即可。

营养师推荐：这款粥铁元素含量丰富，脂肪含量低，夏季食用，对于预防头晕目眩、食欲不振的中暑症状有良好效果。

第三节　防暑解暑菜肴

蒜香苦瓜

原料：苦瓜200克，大蒜30克

调料：香油、辣椒油、盐各适量

制作方法：

（1）苦瓜去籽洗净、切丝，大蒜去皮洗净、切末。

（2）锅中加适量清水，煮沸后倒入苦瓜丝焯一下，捞出沥干。

（3）将焯好的苦瓜丝和蒜末放入碗中，根据个人口味，加香油、辣椒油、盐调味，拌匀即可。

营养师推荐：这款菜有清热祛火、杀菌消炎、降脂防暑的功效，经常食用可提高机体免疫力。

芹菜拌香干

原料：香干、芹菜各150克，胡萝卜30克

调料：香油10毫升，味精、白糖、盐各适量

制作方法：

（1）香干、胡萝卜分别洗净，切丁。

（2）芹菜摘去老叶，去根洗净，切同等大小的丁。

（3）锅中加适量清水煮沸，分别将香干、芹菜和胡萝卜焯一下，捞出沥干水分。

（4）将香干丁、胡萝卜丁、芹菜丁一起装入盘中，加入适量香油、白糖、味精、盐调味，拌匀即可。

营养师推荐：凉拌菜尤其适合夏季食用。这款菜营养丰富且低脂、低糖、低热量，具有降压、降脂、降糖、开胃、防暑的作用。

姜汁拌菠菜

原料：菠菜500克，鲜姜30克

调料：香油、酱油、醋、盐各适量

制作方法：

(1) 菠菜洗净，切成长段，入沸水锅中煮熟，捞出沥水，装入盘中。

(2) 姜削皮，剁细末，加入适量醋、酱油、香油、盐，调匀后浇在菠菜上，拌匀即可。

营养师推荐：这款菜含有丰富的膳食纤维、胡萝卜素、B族维生素、铁、钾等营养成分，非常适合夏季食用，可补充营养、防暑排毒、增强免疫。

姜丝拌莴笋

原料：莴笋300克

调料：姜丝、香油、醋、盐各适量

制作方法：

(1) 莴笋剥去外皮，洗净后切成细丝，放入沸水中焯一下，捞出，用凉开水冲凉。

(2) 取一半姜丝放入莴笋丝中拌匀，放在盘中。

(3) 取另一半姜丝，加入适量盐、食醋、香油兑成汁，浇在莴笋丝上即可。

营养师推荐：生食莴笋能最大限度地保留其营养成分，夏季适量食用，可增强胃液和消化液的分泌，缓解食欲不振。

胡萝卜拌蕨菜

原料： 胡萝卜300克，蕨菜200克

调料： 葱末、红油、酱油、醋、味精、盐各适量

制作方法：

（1）胡萝卜洗净，切丝，稍烫，捞出沥水；蕨菜煮熟，捞出晾干，切成段。

（2）将红油、醋、盐、味精、酱油调成味汁。

（3）胡萝卜丝、蕨菜段加入调好的味汁拌匀、装盘，撒上葱末即可。

营养师推荐： 蕨菜性寒味甘，有清热、滑肠、降气、化痰的功效，与胡萝卜搭配食用，是夏日祛暑的美食。不过，蕨菜虽好也不宜多食。

马齿苋拌黄豆芽

原料： 鲜马齿苋200克，鲜黄豆芽150克

调料： 香油、酱油、醋、味精、白糖各适量

制作方法：

（1）将马齿苋、新鲜黄豆芽洗净，沥干水分备用。

（2）分别将它们投入沸水中煮至断生，捞出沥水，装入盘中。

（3）加入白糖、醋、味精、酱油和香油调味，拌匀即可。

营养师推荐： 这款菜富含蛋白质、脂肪、不饱和脂肪酸、多种维生素及矿物质。适量食用，可起到补中益气、清热解毒的作用，是夏日防暑的佳品。

苦瓜炒鸡蛋

原料： 苦瓜200克，鸡蛋2个

调料： 葱末、植物油、盐各适量

制作方法：

（1）鸡蛋打散、加适量盐搅匀，苦瓜洗净、切片。

（2）锅入油烧热，放入葱花爆香，将蛋液倒入锅中炒至金黄。

（3）倒入苦瓜片翻炒至熟，加少许盐调味即可。

营养师推荐： 这款菜制作简单，营养丰富，有健脾、养心、补肾等功效，是夏日防暑的好选择。

丝瓜炒鸡蛋

原料： 丝瓜200克，鸡蛋3个

调料： 红辣椒、植物油、盐各适量

制作方法：

（1）丝瓜去皮洗净，切成片；鸡蛋打散，制成蛋液；红辣椒去蒂去籽，切成段。

（2）锅入油烧热，放入蛋液炒熟，盛出备用。

（3）锅入油烧热，下红辣椒段稍炒，下丝瓜片炒熟，放入鸡蛋，加少许盐翻炒均匀即可。

营养师推荐： 鸡蛋与丝瓜搭配，有活血通络、滋润皮肤的功效，夏季经常食用，既可以补充人体所需的多种营养物质，还能起到防暑去火的功效。

黄瓜炒鸡蛋

原料：黄瓜200克，胡萝卜15克，鸡蛋3个

调料：葱花、植物油、味精、盐各适量

制作方法：

（1）黄瓜去蒂，先切为两半，后斜刀切成片；胡萝卜洗净，切丝；鸡蛋打散，制成蛋液。

（2）锅入油烧热，下蛋液炒熟，盛出备用。

（3）锅入油烧热，下葱末炝锅，投入黄瓜片稍炒，放入鸡蛋炒匀，加入盐、味精调味，装盘撒上胡萝卜丝即可。

营养师推荐：这款菜有利水、清热、解毒、护眼明目等功效，夏季经常食用，可增强机体免疫力，预防中暑等突发疾病的发生。

胡萝卜黄瓜兔丁

原料：兔肉300克，胡萝卜100克，黄瓜50克

调料：姜末、淀粉、植物油、香油、酱油、料酒、味精、盐各适量

制作方法：

（1）兔肉洗净，切成丁；胡萝卜、黄瓜分别洗净，切成丁。

（2）锅入油烧热，下姜末爆香，放入兔丁翻炒，加清水、料酒，小火煨炖至兔肉熟。

（3）放入胡萝卜、黄瓜，继续翻炒5分钟，加酱油、味精、盐调味，用水淀粉勾芡，淋少许香油即可。

营养师推荐：胡萝卜与兔肉的食疗价值都很高，二者搭配，可滋补身体，增强体质，预防中暑的发生。

莴笋核桃仁

原料：莴笋400克，净核桃仁50克，胡萝卜50克

调料：蒜蓉、植物油、香油、鸡精、盐各适量

制作方法：

（1）莴笋去皮，洗净，切成片，入沸水锅内汆熟，捞出沥水、装盘；胡萝卜去皮，洗净，切成片。

（2）锅入油烧热，下核桃仁炸一下，捞出沥油。

（3）锅留底油烧热，下蒜蓉爆香，下莴笋片、胡萝卜片翻炒，加盐、香油、鸡精调味，最后加核桃仁炒匀即可。

营养师推荐：这款菜有宽肠通便、强身益智等功效，特别适合夏季食用，对防癌抗癌也有一定的效果。

草菇毛豆炒冬瓜

原料：冬瓜300克，草菇50克，毛豆粒30克，胡萝卜丁30克

调料：淀粉、植物油、香油、盐各适量

制作方法：

（1）冬瓜洗净去皮，切丁；草菇洗净，一切两半；毛豆粒洗净。

（2）将冬瓜丁、草菇、毛豆粒、胡萝卜丁入沸水锅烫熟，捞出沥水。

（3）锅入油烧热，下冬瓜、草菇、毛豆、胡萝卜煸炒，加盐调味，炒至入味，用水淀粉勾芡，淋香油炒匀即可。

营养师推荐：这款菜有清热解毒、消炎化痰的功效，对大便干结、排尿不顺、口干舌燥等上火及中暑症状有良好的调理作用。

卷心菜炒木耳

原料：圆白菜300克，黑木耳100克

调料：植物油、香油、盐各适量

制作方法：

（1）圆白菜洗净，撕成小片；黑木耳泡发洗净，撕成小朵。

（2）锅入油烧热，下圆白菜煸炒，下黑木耳继续煸炒。

（3）至所有食材熟后，加适量盐调味，淋少许香油即可。

营养师推荐：卷心菜是夏季防暑的好食材，黑木耳的通便排毒功效显著。这款菜富含膳食纤维、胡萝卜素、多种维生素及矿物质，有润肠、通便、排毒、防暑的功效。

青椒木耳藕丝

原料：藕250克，水发木耳50克，青椒30克

调料：花椒油10毫升，姜丝5克，植物油、白醋、味精、白糖、盐各适量

制作方法：

（1）藕去皮洗净，切成丝，入沸水中焯熟，捞出沥水。

（2）水发木耳洗净，去蒂，焯烫，捞出沥水，切丝。

（3）青椒去蒂、籽，洗净切丝。

（4）锅入油烧热，爆香姜丝、青椒丝，放入藕丝、木耳丝，加白醋、味精、白糖、盐调味，出锅前淋花椒油即可。

营养师推荐：这款菜富含蛋白质、胡萝卜素、膳食纤维、多种维生素及矿物质，夏季食用可促进食欲、通便排毒、防病强身。

胡萝卜沙拉

原料：胡萝卜150克，土豆60克，红腰豆、青豆各25克，鸡蛋2个

调料：植物油、白醋、白糖、盐各适量

制作方法：

（1）胡萝卜去皮洗净，切丁；土豆洗净去皮，煮熟，切丁；青豆、红腰豆洗净，烫熟。

（2）将胡萝卜丁、土豆丁、青豆、红腰豆一起放入盆中，备用。

（3）鸡蛋去清留黄，放入碗中，加盐、白糖，用筷子搅匀，加入植物油，至油和蛋黄融为糊状，滴入白醋，倒入装有原料的盆中，拌匀即可。

营养师推荐：这款菜有健脾消食、润肠通便、明目减压的功效，且美容养颜的作用深受广大女性朋友的欢迎。

草莓什锦沙拉

原料：生菜150克，草莓300克，樱桃100克

调料：沙拉酱、白胡椒粉各适量

制作方法：

（1）草莓洗净，去蒂；生菜洗净，用手撕成片；樱桃洗净，去核、去梗、切丁。

（2）将生菜与草莓、樱桃丁放入碗中拌匀，加入适量沙拉酱、白胡椒粉调味，搅拌均匀即可。

营养师推荐：这款沙拉营养丰富，富含维生素C、胡萝卜素和钾，夏季经常食用可以增强人体免疫力。

第四节　防暑解暑汤羹

苦瓜豆腐汤

原料：苦瓜100克，豆腐200克

调料：植物油、香油、味精、盐各适量

制作方法：

（1）苦瓜去瓤、洗净，切成片；豆腐洗净，切成块。

（2）锅入油烧热，倒入苦瓜片翻炒片刻，然后倒入适量清水。

（3）煮沸后将豆腐块倒入锅中，再次煮沸，加适量味精和盐调味，淋上香油即可。

营养师推荐：苦瓜与豆腐搭配，可起到降糖降压的功效，特别适合夏季食用，是防暑解暑的佳品。

海带黄豆汤

原料：海带150克，黄豆100克

调料：葱花、盐各适量

制作方法：

（1）黄豆洗净，放入清水中浸泡6小时，捞出沥水；海带洗净，切成丝。

（2）锅中加适量清水，倒入泡好的黄豆，煮至熟烂。

（3）将海带丝和葱花放入锅中，加适量味精和盐调味，继续煮熟即可。

营养师推荐：这款汤有滋补肾阴、改善贫血的功效，特别适合夏季食用，可改善体质、提高机体免疫力。

豆腐丝瓜汤

原料： 水豆腐200克，丝瓜300克

调料： 葱花、姜丝、植物油、鸡精、盐各适量

制作方法：

（1）丝瓜去角边，刮掉瓜皮，清水洗净，切滚刀块；豆腐洗净，一块豆腐切四等分。

（2）锅入油烧热，下丝瓜爆炒，加适量清水大火煮开，放入豆腐。

（3）待水再开时，加入姜丝、鸡精、盐，小火烧煮片刻，撒上葱花即可。

营养师推荐： 丝瓜和豆腐都是低热量的健康食材，二者搭配，有凉血解毒、清肠消滞、补钙降脂的功效，是夏季防暑的好选择。

海带紫菜汤

原料： 海带100克，紫菜25克

调料： 香油、盐各适量

制作方法：

（1）海带洗净、切成丝，紫菜放入清水中泡软、捞出沥水。

（2）锅中加适量清水，放入海带丝煮沸。

（3）将紫菜放入锅中，继续煮10分钟，加适量盐调味，淋入香油即可。

营养师推荐： 紫菜与海带都含有丰富的膳食纤维，以及一些对稳定心率有益的矿物质，夏季经常食用，可起到降压、排毒、防暑的功效。

玉米花菜汤

原料：花菜300克，玉米100克

调料：水淀粉、植物油、香油、味精、盐各适量

制作方法：

（1）玉米洗净，切成段；花菜掰成小块，洗净后倒入开水中焯熟，捞出放凉。

（2）锅入油烧热，倒入花菜翻炒，倒入玉米和适量清水，煮沸后加味精、盐调味。

（3）至所有食材煮熟后，用水淀粉勾芡，淋少许香油即可。

营养师推荐：这款汤含有丰富的膳食纤维、多种维生素及矿物质，有降压、降糖、瘦身、排毒等功效，是夏季防暑的佳品。

芦笋冬瓜汤

原料：芦笋200克，冬瓜300克

调料：葱花、姜丝、淀粉、味精、盐各适量

制作方法：

（1）将冬瓜去皮去瓤，洗净切丁，倒入开水中略焯；芦笋去皮，洗净切丁，倒入开水中略焯。

（2）锅中加适量清水，倒入芦笋丁、冬瓜丁，加葱花、姜丝，大火煮沸后改小火熬煮半个小时。

（3）待芦笋、冬瓜熟透，加味精、盐调味即可。

营养师推荐：芦笋有排毒的功效，与冬瓜搭配煲汤，夏季经常食用，可起到清热利尿、控糖瘦身的作用。

三鲜豆腐汤

原料：豆腐150克，白菜心100克

调料：香菜段、葱花、姜末、植物油、香油、盐各适量

制作方法：

（1）豆腐洗净，放入锅里隔水蒸10分钟，取出沥水，切成片。

（2）白菜心洗净，用手撕成5厘米长的块，放入沸水中焯烫。

（3）锅入油烧热，下葱、姜爆香，放入清水、豆腐、白菜心、盐烧沸，撇去浮沫，淋少许香油，撒上香菜段即可。

营养师推荐：这款汤膳食纤维、蛋白质、钙等营养物质含量丰富，热量、脂肪的含量很低，特别适合夏季食用，可起到降脂补钙、预防中暑的功效。

草菇黄瓜汤

原料：黄瓜200克，草菇80克，红枣20克

调料：姜末、植物油、香油、盐各适量

制作方法：

（1）黄瓜、草菇分别洗净、切片，红枣浸泡、洗净。

（2）锅入油烧热，下姜末炝锅，倒入草菇翻炒，下黄瓜片继续翻炒。

（3）加适量清水和红枣，大火煮沸后改小火继续煮5分钟，加适量盐调味、淋入香油即可。

营养师推荐：这款汤富含维生素，不仅能养护神经，而且有较好的润肤祛斑、瘦身美白的功效，是夏季防暑的好选择。

银耳樱桃汤

原料：樱桃50克，银耳100克

调料：冰糖适量

制作方法：

（1）樱桃去梗，洗净；银耳用清水浸泡，洗净后撕成小朵。

（2）锅中加适量清水，放入银耳，大火煮沸后改小火炖熟。

（3）放入樱桃，继续煮10分钟，加适量冰糖调味即可。

营养师推荐：这款汤具有解渴防暑、补中益气、滋阴养血、强身健体的功效。夏季熬上一锅银耳樱桃汤，放入冰箱中冻一下再吃，味道更佳。

雪梨银耳川贝汤

原料：雪梨1个，川贝20颗，银耳30克

调料：冰糖适量

制作方法：

（1）雪梨去皮、洗净，切成小块；川贝放入清水中浸泡15分钟，捞出沥水。

（2）银耳放入清水中浸泡回软，撕成小朵，洗净后放入碗中用温水浸泡半小时。

（3）将所有食材放入大碗中，加少许清水（没过食材），入蒸锅隔水蒸1小时即可。

营养师推荐：川贝、雪梨都是止咳、化痰、润肺的行家，银耳滋阴润燥的功效同样显著，三者搭配烹调防暑养肺的作用大大增强。

无花果雪梨汤

原料：雪梨100克，银耳（干）30克，无花果40克，猪瘦肉150克

调料：盐适量

制作方法：

（1）银耳泡发，洗净，撕成小朵。

（2）雪梨洗净，去皮，去核，切成小块；无花果洗净。

（3）将猪肉洗净切块，焯水放凉后，与雪梨、银耳、无花果加适量开水，煲约一个半小时，加适量盐调味即可。

营养师推荐：雪梨、银耳、无花果都是夏季非常适合吃的食物，三者与猪瘦肉搭配煲汤，有很好的清热防暑、止咳祛痰的功效。

菠菜猪血汤

原料：猪血150克，豆腐50克，菠菜300克

调料：香油、盐各适量

制作方法：

（1）将猪血、豆腐分别洗净，切块；菠菜洗净，切段。

（2）锅中加适量清水，放入猪血块、豆腐块，大火煮沸。

（3）将菠菜倒入锅中，再次煮沸，加适量香油、盐调味即可。

营养师推荐：菠菜和猪血中都富含铁元素，菠菜中丰富的维生素C能促进人体对铁的吸收。这款菜可滋阴补血、排毒养颜、防暑强身。

枸杞山药汤

原料：山药300克、枸杞20克

调料：葱花、姜片、鸡汤、盐各适量

制作方法：

（1）山药去皮、洗净，切成块；枸杞洗净。

（2）锅中加适量清水，大火煮沸，放入姜片、枸杞、山药、鸡汤一起炖煮。

（3）待山药熟后，加少许盐调味，撒上葱花即可。

营养师推荐：这款汤口味清爽、低脂、高营养，有益于机体新陈代谢、消除疲劳、美容养颜。

黑木耳芦笋汤

原料：黑木耳200克，芦笋50克

调料：香油、味精、盐各适量

制作方法：

（1）将黑木耳泡发后洗净、撕成小朵，芦笋洗净后切成片备用。

（2）锅中加适量清水，煮沸后倒入黑木耳和芦笋片，加适量味精和食盐调味，继续煮3分钟，最后淋入香油即可。

营养师推荐：这款汤制作简单，夏季不妨经常食用，有良好的促进排毒、降压通便、防癌瘦身的功效。

甘草红薯鱼丸汤

原料： 生甘草15克，鱼丸200克，红薯1根

调料： 葱段、姜片、盐各适量

制作方法：

（1）红薯去皮、洗净，切成块。

（2）锅中加适量清水，放入甘草、姜片大火煮沸，转小火煲20分钟。

（3）加入鱼丸和葱段，转大火煮沸，继续小火煲15分钟，加盐调味即可。

营养师推荐： 这款汤可清热解毒、延缓衰老、通便抗癌，在增强机体免疫力的同时，可预防中暑的发生。

薏米北杏蛋花汤

原料： 薏米60克，北杏30克，鸡蛋100克，红枣15克

调料： 蜂蜜适量

制作方法：

（1）将薏米、北杏分别洗净；红枣去核，洗净；鸡蛋打散，制成蛋液。

（2）砂锅中加适量清水，放入薏米、北杏、红枣，大火煮沸后改小火煮1小时。

（3）将蛋液淋入锅中，加适量蜂蜜调味即可。

营养师推荐： 这款汤中薏米与北杏搭配，有清肺热、养肺阴的功效，尤其适合夏季清热防暑食用。

银耳莲子汤

原料：水发银耳200克，干莲子30克

调料：冰糖适量

制作方法：

（1）将银耳去除杂质清洗干净，然后撕碎；莲子带芯洗净。

（2）把银耳、莲子和冰糖等材料放入砂锅中，用大火煮沸。

（3）改用小火，炖至银耳、莲子软糯即可。

营养师推荐：银耳与莲子搭配煲汤，有良好的清心去火、养心安神等功效，非常适合夏季防暑解暑食用。

竹笋银耳汤

原料：干竹笋100克，银耳200克，鸡蛋1个

调料：盐适量

制作方法：

（1）竹笋泡发、洗净，切成小段；银耳泡发、去蒂、洗净，撕成小朵；鸡蛋打散，制成蛋液。

（2）锅中加适量清水煮沸，倒入蛋液，加入竹笋、银耳一起炖煮。

（3）至所有食材煮熟后，加少许盐调味即可。

营养师推荐：这款汤尤其富含胶质、膳食纤维，不仅能防暑解暑，还有良好的滋养肌肤、清肠消肿、润肺排毒、延缓衰老的功效。

薏米莲子瘦肉汤

原料：薏米100克，猪瘦肉200克，胡萝卜、莲子各50克，百合20克

调料：盐适量

制作方法：

（1）将薏米、莲子、百合分别洗净，用温水浸泡30分钟；胡萝卜洗净，切块。

（2）猪瘦肉洗净，切块，入沸水中焯一下。

（3）锅中加适量清水，放入猪肉块、胡萝卜块、薏米、莲子、百合，大火煮沸后改小火煮至所有食材熟，加少许盐调味即可。

营养师推荐：这款汤味道香浓，营养丰富，有清热祛湿、涩精安神的功效。

山楂鲤鱼汤

原料：山楂20克，鸡蛋清50克，鲤鱼300克

调料：葱花、淀粉、料酒、盐各适量

制作方法：

（1）鲤鱼处理干净后切成片，加鸡蛋清和适量水淀粉、料酒、盐搅拌均匀，腌渍片刻。

（2）山楂洗净，去核、切片。

（3）锅中加适量清水，放入山楂片，煮沸后放入腌渍好的鱼片并煮熟，加适量盐调味，撒上葱花即可。

营养师推荐：山楂不仅去除了鲫鱼的腥味，而且能促进人体对鲫鱼营养的消化吸收，具有开胃补脾、增强免疫、降脂降压的功效。

紫菜虾仁汤

原料：紫菜50克，虾仁200克

调料：葱花、姜丝、胡椒粉、水淀粉、盐各适量

制作方法：

（1）虾仁处理干净，加适量胡椒粉和水淀粉搅拌均匀；紫菜放入清水中浸泡，捞出沥水。

（2）锅中加适量清水，煮沸后倒入虾仁，放入姜丝，大火煮沸。

（3）将紫菜放入锅中，加适量盐调味，继续煮沸，撒上葱花即可。

营养师推荐：这款汤有降脂补钙、强健肾脏的功效，夏季经常食用，对于预防中暑有一定的效果。

鱼头豆腐汤

原料：豆腐100克，鲜鱼头1个

调料：葱花、姜片、胡椒粉、植物油、料酒、盐各适量

制作方法：

（1）将鱼头处理干净，豆腐洗净、切成块。

（2）锅入油烧热，下鱼头煎至两面呈金黄色。

（3）加适量清水、姜片、料酒，炖煮30分钟，放入豆腐块，继续炖煮15分钟，加盐、胡椒粉调味，撒上葱花即可。

营养师推荐：此款汤夏季经常食用，可有效增强机体免疫力。

第五节　防暑解暑蔬果汁

番茄草莓汁

原料：番茄100克，草莓60克，柠檬20克

调料：冰块适量

制作方法：

（1）番茄洗净，去皮、去蒂、切块；草莓洗净，去蒂；柠檬洗净，去皮、切丁。

（2）将番茄、草莓、柠檬及少许凉开水一起放入榨汁机中榨汁。

（3）将榨好的果汁倒入杯中，加少许冰块即可饮用。

营养师推荐：这款果汁不仅营养多汁，口感清爽，经常饮用还可保持肌肤水润白皙。

白萝卜油菜汁

原料：油菜100克，白萝卜150克

调料：蜂蜜15毫升

制作方法：

（1）油菜去根、洗净，切成段；白萝卜去皮、洗净，切成块。

（2）将白萝卜块与油菜段一起放入榨汁机中，搅拌成汁。

（3）把白萝卜油菜汁倒入杯中，加蜂蜜调匀即可饮用。

营养师推荐：这款蔬菜汁不仅有清热解毒、生津润燥的功效，还能润肺、消食、祛痰、利大小便，尤其适合夏季饮用。

菠萝番茄汁

原料：菠萝100克，卷心菜100克，番茄1个

调料：香菜适量

制作方法：

（1）卷心菜洗净切碎，番茄洗净切块，香菜洗净切段。

（2）菠萝用淡盐水浸泡1小时，洗净切块。

（3）将卷心菜、香菜、菠萝、番茄及少许凉开水按照顺序放入榨汁机中榨汁即可。

营养师推荐：这款果蔬汁含有丰富的B族维生素、维生素C、胡萝卜素等营养物质，有安神去烦、消暑解渴的功效。

菠萝芹菜汁

原料：菠萝100克，芹菜50克，苹果半个

调料：香菜适量、柠檬汁少许

制作方法：

（1）将菠萝去皮，切成块，放入淡盐水中浸泡片刻。

（2）苹果去皮、洗净，切成块；芹菜择洗干净，切成段；香菜洗净，切段。

（3）依次将香菜段、芹菜段、菠萝块、苹果块、柠檬汁及少许凉开水放入榨汁机中，榨汁即可饮用。

营养师推荐：这款蔬果汁味道清香，尤其富含多种维生素，有良好的促进消化、清热解毒的作用，深受许多女性朋友的喜爱。

荔枝哈密瓜汁

原料：荔枝8颗，哈密瓜100克

调料：无

制作方法：

（1）荔枝去皮去核，清洗干净。

（2）哈密瓜去皮、去籽，洗净后切成小块。

（3）将荔枝、哈密瓜一起放入榨汁机中，加少许凉开水榨汁即可。

营养师推荐：这款果汁有解渴、除烦热的功效，是夏季防暑的佳品。

木瓜生姜汁

原料：木瓜2个，姜30克

调料：无

制作方法：

（1）将木瓜去皮，洗净，挖去中间的籽，切成小块；姜洗净、去皮，切成末。

（2）将木瓜块、姜末一起放入榨汁机中，倒入适量凉开水榨汁即可。

营养师推荐：这款蔬果汁富含人体所需的胡萝卜素、维生素C、钙、镁、磷、钾等营养物质，对于增强免疫、预防中暑有一定的功效。

木瓜草莓汁

原料：木瓜1个，草莓6个，橘子1个

调料：炼乳适量

制作方法：

（1）木瓜去皮、去籽，切成小块；草莓用清水浸泡，洗净、去蒂，切成小块；橘子去皮，掰成瓣，一个瓣切成两块。

（2）将木瓜块、草莓块、橘子块一起放入榨汁机中，加入适量凉开水、炼乳，搅打10分钟，榨成鲜汁，过滤、去渣，即可饮用。

营养师推荐：这款果蔬汁富含人体所需的维生素及微量元素，夏季适量食用，可起到排毒清肠、除湿热等功效。

卷心菜果蔬汁

原料：卷心菜100克，苹果1个，柠檬半个

调料：蜂蜜适量

制作方法：

（1）将卷心菜洗净，切成小片；苹果洗净，去皮、去核，切成小块；柠檬洗净，去皮，挤出汁液备用。

（2）将卷心菜片、小苹果块、柠檬汁一起放入榨汁机中，加适量凉开水，榨成蔬果汁，饮用时加适量蜂蜜调味即可。

营养师推荐：这款蔬果汁夏季适当食用，可有效缓解食欲不振、胃肠功能紊乱等症状。

双果奶汁

原料：香蕉100克，苹果50克，牛奶150毫升

调料：无

制作方法：

（1）香蕉去皮，切丁；苹果洗净，去皮去核，切丁。

（2）将香蕉丁、苹果丁放入榨汁机中，倒入牛奶，一起搅打成果汁，倒入杯中即可饮用。

营养师推荐：这款果汁富含粗纤维、多种维生素和矿物质，经常饮用，可强身健体、开胃益智、防暑解暑。

茼蒿菠萝汁

原料：茼蒿50克，菠萝200克，苹果半个

调料：无

制作方法：

（1）茼蒿去根、洗净，切成小段；菠萝去皮、洗净，放淡盐水中浸泡片刻；苹果去皮、洗净，切成小块。

（2）将茼蒿、菠萝、苹果一起放入榨汁机中，加少许凉开水，榨汁即可。

营养师推荐：茼蒿具有清血养心、润肺消痰等功效，与菠萝、苹果搭配，有促进食欲、解渴消暑等功效。

甘蓝菠萝苹果汁

原料： 紫甘蓝200克，菠萝60克，苹果、柳橙各1个

调料： 柠檬汁、蜂蜜各适量

制作方法：

（1）紫甘蓝洗净，切成小块；菠萝去皮，放入淡盐水中浸泡片刻，切成块。

（2）苹果洗净、去皮，切成块；柳橙去皮，切成块。

（3）将紫甘蓝、菠萝块、苹果块、柳橙块、柠檬汁及适量凉开水放入榨汁机中，榨成鲜汁。

（4）将榨好的蔬果汁过滤去渣，加适量蜂蜜调匀即可。

营养师推荐： 这款蔬果汁颜色艳丽，不仅能增进食欲，还有不错的养护肌肤、增强免疫、瘦身减肥的作用，尤其适合女性朋友夏季饮用。

莲藕雪梨蜂蜜汁

原料： 莲藕100克，雪梨1个

调料： 蜂蜜适量

制作方法：

（1）莲藕切掉藕节，洗净，切成块；雪梨洗净，去皮，切成块。

（2）将莲藕块、雪梨块及适量凉开水放入榨汁机中，榨成鲜汁。

（3）将榨好的蔬果汁过滤去渣，加适量蜂蜜调匀即可。

营养师推荐： 这款蔬果汁尤其适合夏季饮用，有很好的促进食欲、清热解毒、消炎止咳的功效。

附录

防暑降温措施管理办法

第一条 为了加强高温作业、高温天气作业劳动保护工作，维护劳动者健康及其相关权益，根据《中华人民共和国职业病防治法》《中华人民共和国安全生产法》《中华人民共和国劳动法》《中华人民共和国工会法》等有关法律、行政法规的规定，制定本办法。

第二条 本办法适用于存在高温作业及在高温天气期间安排劳动者作业的企业、事业单位和个体经济组织等用人单位。

第三条 高温作业是指有高气温或有强烈的热辐射，或伴有高气湿（相对湿度≥80%RH）相结合的异常作业条件、湿球黑球温度指数（WBGT指数）超过规定限值的作业。

高温天气是指地市级以上气象主管部门所属气象台站向公众发布的日最高气温35℃以上的天气。

高温天气作业是指用人单位在高温天气期间安排劳动者在高温自然气象环境下进行的作业。

工作场所高温作业WBGT指数测量依照《工作场所物理因素测量 第7部分：高温》（GBZ/T189.7）执行；高温作业职业接触限值依照《工作场所有害因素职业接触限值第2部分：物理因素》（GBZ2.2）执行；高温作业分级依照《工作场所职业病危害作业分级第3部分：高温》（GBZ/T229.3）执行。

第四条 国务院安全生产监督管理部门、卫生行政部门、人力资源社会保障行政部门依照相关法律、行政法规和国务院确定的职责，负责全国高温作业、高温天气作业劳动保护的监督管理工作。

县级以上地方人民政府安全生产监督管理部门、卫生行政部门、人力资源社会保障行政部门依据法律、行政法规和各自职责，负责本行政区域内高温作业、高温天气作业劳动保护的监督管理工作。

第五条 用人单位应当建立、健全防暑降温工作制度，采取有效措施，加强高温作业、高温天气作业劳动保护工作，确保劳动者身体健康和生命安全。

用人单位的主要负责人对本单位的防暑降温工作全面负责。

第六条 用人单位应当根据国家有关规定，合理布局生产现场，改进生产工艺和操作流程，采用良好的隔热、通风、降温措施，保证工作场所符合国家职业卫生标准要求。

第七条 用人单位应当落实以下高温作业劳动保护措施：

（一）优先采用有利于控制高温的新技术、新工艺、新材料、新设备，从源头上降低或者消除高温危害。对于生产过程中不能完全消除的高温危害，应当采取综合控制措施，使其符合国家职业卫生标准要求。

（二）存在高温职业病危害的建设项目，应当保证其设计符合国家职业卫生相关标准和卫生要求，高温防护设施应当与主体工程同时设计，同时施工，同时投入生产和使用。

（三）存在高温职业病危害的用人单位，应当实施由专人负责的高温日常监测，并按照有关规定进行职业病危害因素检测、评价。

（四）用人单位应当依照有关规定对从事接触高温危害作业劳动者组织上岗前、在岗期间和离岗时的职业健康检查，将检查结果存入职业健康监护档案并书面告知劳动者。职业健康检查费用由用人单位承担。

（五）用人单位不得安排怀孕女职工和未成年工从事《工作场所职业病危害作业分级第3部分：高温》（GBZ/T229.3）中第三级以上的高温工作场所作业。

第八条 在高温天气期间，用人单位应当按照下列规定，根据生产特点和具体条件，采取合理安排工作时间、轮换作业、适当增加高温工作环境下劳动者的休息时间和减轻劳动强度、减少高温时段室外作业等措施：

（一）用人单位应当根据地市级以上气象主管部门所属气象台当日发布的预报气温，调整作业时间，但因人身财产安全和公众利益需要紧急处理的除外：

1.日最高气温达到40℃以上，应当停止当日室外露天作业；

2.日最高气温达到37℃以上、40℃以下时，用人单位全天安排劳动者室外露天作业时间累计不得超过6小时，连续作业时间不得超过国家规定，且在气温最高时段3小时内不得安排室外露天作业；

3.日最高气温达到35℃以上、37℃以下时，用人单位应当采取换班轮休等方式，缩短劳动者连续作业时间，并且不得安排室外露天作业劳动者加班。

（二）在高温天气来临之前，用人单位应当对高温天气作业的劳动者进行健康检查，对患有心、肺、脑血管性疾病、肺结核、中枢神经系统疾病及其他身体状况不适合高温作业环境的劳动者，应当调整作业岗位。职业健康检查费用由用人单位承担。

（三）用人单位不得安排怀孕女职工和未成年工在35℃以上的高温天气期间从事室外露天作业及温度在33℃以上的工作场所作业。

（四）因高温天气停止工作、缩短工作时间的，用人单位不得扣除或降低劳动者工资。

第九条 用人单位应当向劳动者提供符合要求的个人防护用品，并督促和指导劳动者正确使用。

第十条 用人单位应当对劳动者进行上岗前职业卫生培训和在岗期

间的定期职业卫生培训，普及高温防护、中暑急救等职业卫生知识。

第十一条 用人单位应当为高温作业、高温天气作业的劳动者供给足够的、符合卫生标准的防暑降温饮料及必需的药品。

不得以发放钱物替代提供防暑降温饮料。防暑降温饮料不得充抵高温津贴。

第十二条 用人单位应当在高温工作环境设立休息场所。休息场所应当设有座椅，保持通风良好或者配有空调等防暑降温设施。

第十三条 用人单位应当制定高温中暑应急预案，定期进行应急救援的演习，并根据从事高温作业和高温天气作业的劳动者数量及作业条件等情况，配备应急救援人员和足量的急救药品。

第十四条 劳动者出现中暑症状时，用人单位应当立即采取救助措施，使其迅速脱离高温环境，到通风阴凉处休息，供给防暑降温饮料，并采取必要的对症处理措施；病情严重者，用人单位应当及时送医疗卫生机构治疗。

第十五条 劳动者应当服从用人单位合理调整高温天气作息时间或者对有关工作地点、工作岗位的调整安排。

第十六条 工会组织代表劳动者就高温作业和高温天气劳动保护事项与用人单位进行平等协商，签订集体合同或者高温作业和高温天气劳动保护专项集体合同。

第十七条 劳动者从事高温作业的，依法享受岗位津贴。

用人单位安排劳动者在35℃以上高温天气从事室外露天作业以及不能采取有效措施将工作场所温度降低到33℃以下的，应当向劳动者发放高温津贴，并纳入工资总额。高温津贴标准由省级人力资源社会保障行政部门会同有关部门制定，并根据社会经济发展状况适时调整。

第十八条 承担职业性中暑诊断的医疗卫生机构，应当经省级人民政府卫生行政部门批准。

第十九条 劳动者因高温作业或者高温天气作业引起中暑，经诊断为职业病的，享受工伤保险待遇。

第二十条 工会组织依法对用人单位的高温作业、高温天气劳动保护措施实行监督。发现违法行为，工会组织有权向用人单位提出，用人单位应当及时改正。用人单位拒不改正的，工会组织应当提请有关部门依法处理，并对处理结果进行监督。

第二十一条 用人单位违反职业病防治与安全生产法律、行政法规，危害劳动者身体健康的，由县级以上人民政府相关部门依据各自职责责令用人单位整改或者停止作业；情节严重的，按照国家有关法律法规追究用人单位及其负责人的相应责任；构成犯罪的，依法追究刑事责任。

用人单位违反国家劳动保障法律、行政法规有关工作时间、工资津贴规定，侵害劳动者劳动保障权益的，由县级以上人力资源社会保障行政部门依法责令改正。

第二十二条 各省级人民政府安全生产监督管理部门、卫生行政部门、人力资源社会保障行政部门和工会组织可以根据本办法，制定实施细则。

第二十三条 本办法由国家安全生产监督管理总局会同卫生部、人力资源和社会保障部、全国总工会负责解释。

第二十四条 本办法所称“以上”摄氏度（℃）含本数，“以下”摄氏度（℃）不含本数。

第二十五条 本办法自发布之日起施行。1960年7月1日卫生部、劳动部、全国总工会联合公布的《防暑降温措施暂行办法》同时废止。